김정훈의
수학 에세이

국립중앙도서관 출판예정도서목록(CIP)

(To 수학포기자) 김정훈의 수학에세이 / 지은이: 김정훈. --
서울 : 찜커뮤니케이션, 2016
p. ;   cm

ISBN 979-11-955914-5-9 03410 : ₩13000

수학(교과과목)[數學]
수기(글)[手記]

410.4-KDC6
510.2-DDC23   CIP2016001274

초판 1쇄 인쇄 2016. 01.25
초판 1쇄 발행 2016. 01.27

지은이   김정훈
펴낸이   김정원

책임 편집   홍기자
디자인   이은주
문제 출제와 감수 숭실대학교 창의력 수학교실

펴낸 곳   찜커뮤니케이션
출판등록   제 2015-000041호
주 소   서울특별시 동대문구 장한로 18길 31 201동 806호
전 화   070-4196-1588/010-9133-1588   팩스 0505-566-1588
이메일   zzimmission@naver.com
블로그   http://blog.naver.com/zzimmission

ISBN 979-11-955914-5-9 (03410)
값 13,000원

김정훈의

수학
에세이

From 김정훈

Zzim
communication

김정훈과 함께 수학 문제 풀어보기

초등학교 고학년 ~ 중학교 1학년 영재 수준의 수학문제 함께 풀어보기 **140**

(문제 출제 및 감수 / 숭실대학교 창의력 수학교실)

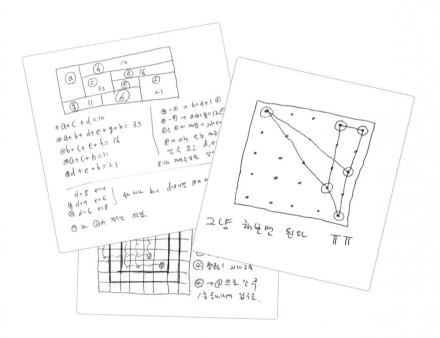

JTBC 예능 프로그램인 〈학교 다녀오겠습니다〉에 출연을 하면서 추억에 잠겼었다. 〈학교 다녀오겠습니다〉는 시청자들에게 김정훈이라는 사람을 다시금 알려준 프로그램이었는데 폐지가 되어 무척 아쉽기도 하지만 개인적으로 내게 옛날이야기를 생각나게 해준 '소중한 도구'가 된 것 같다.

먼저, '정말 공부만 했던' 학창시절로 돌아간 느낌을 주었는데 그때의 공부하던 열정(熱情)을 떠오르게 해주었다. 무슨 운동을 대단하게 했다든지 아니면 그림 그리는 것에 푹 빠졌던 기억 등과 같은 것이 아니라 '공부하던 열정(熱情)'이라니…….

누가 들으면 '참 이상하다'라고 느낄 수도 있을 것이다.

나 자신도 신기했다. 오직 공부에만 매달려서 보낸 학창시절이 지겨워서라도 교복을 입고 앉아 있으면 '지루하기도 하지 않을까?'라는 생각이 마음 구석진 곳에 조금 있었기 때문이다.

하지만 쓸데없는 걱정이었다. 교복을 입고 학생들과 함께 앉아 선생님의 수업을 듣는 순간 행복해지면서 가슴이 두근거리기까지 했다. 교실 책상에 교과서와 공책, 필기도구를 놓고 이제는 조금 작아 보이는 의자에 앉아 녹색 칠판에 쓰인 흰색분필 글씨를 보고 있자니 공간이동을 하여 고등학생 때로 돌아간 느낌이었다.

마치 서랍 속 깊숙이 넣어 둔 빛바랜 일기장을 울컥하며 넘겨보는 느낌이랄까…….

예전에 일본 후지 TV 〈다케시의 코마네치 대학 수학과〉에서 우승했을 때도 비슷한 감정을 느꼈는데 내게 있어서 '공부'란 무미건조한 마음에 새로운 자극이 되는, 삶의 어떠한 시기마다 활력인 것 같다.

이 책은 정말 평범한 책이다.

나는 수학자도 아니고 또한 대학에서 수학을 전공하지도 않았다. 그저 학창시절에 공부를 무척 열심히 했고 그중에서도 수학을 가장 좋아했던 '주위에서 쉽게 만날 수 있는' 동네 형이나 오빠라고 하는 것이 맞겠다.

그런데 가만히 주위를 둘러보니 수학을 싫어하고 두려워하는 사람들이 많다는 것을 새삼 알게 되었다. 내가 수학을 좋아하다 보니 다른 사람도 나와 비슷할 것이라는 생각을 하곤 했는데 그게 아니었다는 것을 알게 되었고 지금의 교육 상황에서 고등학생 10명 중 6명이 수포자(수학 포기자)라는 암울한 현실도 뉴스에서 듣게 되었다.

수학을 어려워하는 이유는 과연 무엇일까?

각자의 고유 성향이나 선호도에 따라 '수학 기피증'이 생길 수도 있으나 영어, 국어와 같은 과목에 비하면 호(好), 불호(不好)의 비율이 심하게 편파적인 것이 수학인 것 같다.

그렇게 편파적이어서 더욱 '다가가기 힘든' 수학에 관련된 책들은 또 너무 어렵고 딱딱하기조차 하다. 그래서 나는 그야말로 일상의 이야기들을 보따리 풀 듯 풀어 놓기도 했는데 이유는 내가 가장 편안한 마음으로 이야기를 하는 것이 올바른 것이라고 생각했기 때문이다.

수학자들이 쓴 훌륭한 '수학 전문책'은 많고 많다. 그 부분은 내가 침범하지 않기로 했다. 단지 내가 학창시절에 어떻게 공부했는지, 생활 속에서 수학을 자연스럽게 익히거나 공부하는 방법은 무엇인지를 소박하게 풀어 놓았다. 거기에 독자들과 함께 풀어 보기 위해서 '수학문제와 풀이'를 조금 실었다. 학생과 같은 마음으로 출제 문제를 풀었는데 풀이에 대해 감수자의 칭찬을 받으면,

"김정훈 어린이, 참~ 잘했어요!"

라는 도장을 받은 것처럼 기분이 좋아지기도 했다.

거창하지도, 화려하지도 않다.

이 책은 그냥 '물 흐르듯 자연스럽게' 읽기만 하면 된다. 꼭 기억하고 말겠다고 주먹을 불끈 쥐며 부담을 가지지도 말고 수학문제를 풀다가 잘 모르겠다고 의기소침할 필요도 없다. 소설 읽듯이 그냥 쭉쭉 읽으면 된다.

내가 이 작은 책에서 하고 싶은 이야기가 있는데 부모님에게 한 가지, 학생들에게 한 가지가 있다. 정보들이 넘쳐나는 이 시대에는 '단순, 명료한 것이 오히려 도움이 된다.' 라는 생각을 가지고 있는데 물론 부모님과 학생이 상호 협력하여 두 가지를 함께 이뤄갈 수 있다면 더할 나위 없이 좋을 것 같다.

먼저 부모님께는
'어느 정도의 조기 교육은 필요하다고' 이야기하고 싶다.

사교육비에 허리가 휘는 부모님들이 듣기에는 기막힌 소리라고 할 수 있지만 내가 말하는 '조기 교육'은 국어, 영어, 수학 학원 등의 그런 일반적인 교육을 말하는 것이 아니다. 초, 중, 고등학생 치고 주요 과목 별 학원에 다니지 않는 학생은 다니는 학생보다 적을 수도 있을 것이다. 그래서 '일반적인 곳'이라고 표현을 했다.

나는 초등학교 저학년 때 주산학원과 웅변학원을 다녔다. 어머님이 보내셔서 다녔는데 그 주산학원을 다니면서 수의 개념을 자연스럽게 익혔고 십진법의 개념도 확실하게 알게 되었다.

수학적 머리가 좋으신 어머니를 닮아 수학을 좋아한 것은 맞지만 어릴 때 다녔던 주산학원에서 일찌감치 '자연스럽게 수학(산수)'과 친해지는 좋은 기회를 얻게 되었다.

초등학교 고학년만 되어도 이미 수포자(수학 포기자)의 비율이 높아진다고 하는데 그러기 전에 좀 더 어릴 때, 수학을 쉽게 접할 수 있는 방법에 대해 부모님들이 고민했으면 한다.

나는 미술학원을 조금 다닌 것과 컴퓨터 학원, 단과학원 2개월 정도를 다녔던 것이 학원 경험의 전부이다. 요즘의 학생들한테 내가 공부했던 시절처럼 그렇게 하라고 할 수는 없지만 주산학원, 웅변학원 등은 어릴 때 부담 없이 다닐 수 있지 않을까 생각한다.

그래서 부모님들은 아이들이 성장해가는 모든 시기마다 '자연스럽게 공부와 친해질 수 있는 방법'을 지혜롭게 연구해 보는 것도 내 아이가 '장래 수포자 대열'에 서지 않게 하는 예방접종이 될 수도 있겠다.

그다음 우리 학생들에게 하고 싶은 한 가지 이야기가 있다.

바로 '교과서 위주로 공부하라'라는 것이다.

"또 그 이야기야?"

"공부 좀 했다는 사람들은 꼭 교과서 위주로 공부하라고 하더군요."

라고 불쾌해 하는 사람들이 있다면 나는 이렇게 되묻고 싶다.

그렇다면 교과서를 그만큼 열심히 보았냐고.

학원 교재를 등한시하면서 교과서만 보라는 것이 아니다. 부모님이든 학생들이든 안타깝게도 교과서의 중요성을 잘 모른다는 것인데 교과서를 가장 중요하게 생각하고 그만큼 집중해서 보면서 학원 교재도 보고 문제집도 풀라는 이야기다.

그렇다면 교과서를 어떻게 봐야 할까? 특히 수학 교과서를 말이다.

그냥

가만히

보면 된다.

영어가 익숙해지라고 영어 CD를 틀어주고서 곧이어 하는 부모님들의 공통된 당부가 있다.

"그냥 들어. 그러다 보면 영어가 들려~"

무슨 뜻인지 도무지 알 수 없는 국어의 지문을 보면서 학생들이 푹 푹 한숨을 쉬면 선생님이 꼭 하시는 말씀이 있다.

"집중하고 자꾸 읽다 보면 답이 보여. 그냥 읽으면 돼."

바로 이것이다. 수학 교과서도 가만히 쳐다보면 된다. 모르겠어도 읽고 또 읽고 하다 보면 어느 순간 의미가 이해가 되고 복잡한 공식들이 '도, 레, 미, 파, 솔, 라, 시, 도'하듯이 순서대로, 편안하게 보일 것이다.

다른 과목의 교과서는 그냥 읽으면 된다고, 읽다 보면 이해가 된다고 모두들 입을 모아 이야기하면서 왜 유독 수학에 대해서만은 '문제를 풀어야 한다.', '공식을 무조건 외워야 한다.'라고 압박감을 주는 것인가?

어려워하는 과목일수록 '의도적으로라도 자연스럽게'다가가야 한다는 것이 내 생각이다. 그렇게 하다 보면 마음속에 부드러운 바람이 불 듯, 물이 위에서 아래로 순조롭게 흐르듯 편안하게 수학과 친해지는 것이다.

나도 언어영역의 과목들은 그렇게 교과서를 가만히 쳐다보고 읽고 또 읽었다. 어쨌든 수학에 비해 어려웠던 과목이었으니까.

교과서를 가장 중요하게 생각하고 집중했던 원칙 때문에 전 과목 성적이 다 좋았고 학년이 올라 갈수록 성적도 계속 올라갔었다.

여러모로 부족한 내가 부모님과 학생들에게 강조한 각자 이야기의 공통점이 있다면 아마도 '자연스럽게 만나고 자연스럽게 친해지기' 일 것이다. 인간관계도 그렇겠지만 수학에서도, 공부에서도 모두들 순조로운 계단을 밟아 나가듯 차근차근 앞으로 나갔으면 하는 것이 나의 소박한 바람이다.

2016년 1월,

김 정 훈

생활, 김.정.훈

일상에서 쉽게 만날 수 있는 수학

김정훈만의 공부 방법

김정훈의 또 다른 나 이야기

어린 **김정훈**은
승질 못된 놈?

✕ 평범했던 김정훈

"김정훈씨는 어릴 때부터 공부를 잘 하셨죠?"

'공부를 조금 잘 한다'는 이미지가 그래도 있어서인지 어떤 사람들은 당연한 듯 이런 질문을 한다. 물론 답을 미리 정해놓고 하는 질문의 모양새이지만 말이다. 결론부터 말하면,

"그렇지 않습니다."

'어린 김정훈'은 그냥 평범했었고, 수학(내가 다니던 초등학교 때는 산수)은 좋아했는데 그 외의 공부에는 큰 뜻이 없었다. 반에서도 그리 눈에 띄지 않았고 여느 남자아이들처럼 친구들과 함께 오락실에 '성실하게 출석하기도' 하던 아이였다.

중학생이 되면서 공부에 뜻을 두었는데 말하자면 그 때부터가 '평범한 김정훈'에서 '공부 좀 하는 김정훈'의 마라톤 출발선에 선 것과 같을 수 있겠다.

나는 성격이 예민하고 날카로운 편인데 지금은 나이도 먹고 해서 많이 유해진 편이다. 정말 유한 성격을 지닌 사람이 보면 헛웃음을 지을 수도 있겠지만 내 기준으로 볼 때는 '이제 사람 좀 되었다!' 라고 나름 강조하고 싶다.

별스러운 성격이라고 얘기를 하려고 하니 옛날 이야기 하나가 생각난다. 이것은 어머니께서 쓰신 '육아일기'에서 읽게 된 것인데 자녀 세 명을 키우시면서 자잘한 이야기까지 꼼꼼하게 기록하셨던 어머니가 참 대단해 보인다.

내가 기어 다닐 때, 그러니까 어린 아기 때였던 것 같다. 여기저기 탐험하듯 열심히 기어 다니다가 팔에 힘이 빠진 '아기 김정훈'이 머리부터 앞으로 고꾸라지며 바닥에 머리를 세게 박았다고 한다.

하긴 유달리 뇌가 크니(?) 머리부터 부딪친 건 당연하지 싶다. 넘어지거나 아프면 목청이 터져라 울어대는 것이 어린 아기인지라 '아기 김정훈' 역시 서럽고, 아프고, 억울해서 집안이 떠나가라 울었다고 한다. 우는 아기를 달래느라 어머니는 애를 쓰셨겠고…….

그런데 아무리 달래도 울음을 그치지 않던 '아기 김정훈'이 그만 푹 쓰러졌다고 한다. 쓰러져서 미동도 하지 않는 아기를 보고 너무 놀라신 어머니는 내가 죽은 줄 알고 안고서는 허둥지둥 병원으로 달려가셨고.

병원에 도착해서 진료실 침대에 나를 누였는데 축 늘어진 나를 심각하게 진찰하던 의사는 한동안 말이 없고 그런 의사를 어머니는 '지푸라기라도 잡는 심정'으로 두 손을 모으고 쳐다 보셨겠고 말이다.

숨 막히듯 '고요한 진료'를 끝낸 의사가 어머니에게 짧고 정확하게 이렇게 얘기 했다고 한다.

✕ 정훈이는 승질 못된 놈

"아이는 죽은 것이 아닙니다."
"예? 그렇다면 왜 일어나지 않는 거죠?"
"조금 있으면 깰 겁니다."
"그러니까 선생님, 우리 아이가 왜 저렇게 되었냐고요!"
"음… 기절을 한 겁니다."

"예? 기절을 하다니요? 왜요?"

어두운 표정으로 어머니를 쳐다보며 '아기 김정훈'의 상태를 이야기하던 의사는 갑자기 몸을 돌려 진료실 침대에 '기절해 누워있는' 나를 가리키며 이러더란다.

"아주, 아주, 요놈이 못된 놈입니다. 못된 놈."

금쪽같은 막내아들을 가리키며 '못된 놈'이라고 혀를 쯧쯧 차는 의사가 얄밉기도 했겠지만 매사 '수학적 머리의' 어머니는 '일단 죽지 않았다'는 의사의 일차적 결론을 듣고 차분하게 이성을 되찾고서는,

"제 아이가 못된 놈이라니요? 도대체 무슨 말씀이신지……."

라며 질문을 하셨다고 한다.

"그러니까, 울다가 본인 승질을 못 이겨서 그만 기절을 한 겁니다. 요 녀석이 승질이 아~주 못된 놈이라니까요. 그것 참, 허허허!!"

나도 웃고 싶다. 하하하…….

졸지에 '승질 못된 놈(성질 못된 놈)'이 되어버린 '아기 김정훈'의 '육아일기 속 작은 사건'이 이렇게 세월이 흘러 책에 쓰이게 될 줄이야!

어머니의 꼼꼼한 기록이 책의 한 부분을 채울 수 있는 넉넉한 한 줄이 되었다. 내가 아무래도 막내고 형, 누나랑 나이 차이도 많다보니 자연스럽게 외동기질도 있었는지 좀 이기적인 면이 있었는데 그렇게 어린 아기 때도 '까칠한 성격'을 과시했던 것 같다.

또한 어쨌든 나, 김정훈은 원래부터 차분하고 느긋한 성격이 아니었다는 것을 진료실에서 증명한 중요한 날이기도 했다.

그 때 울다가 기절한 이유 중 가장 큰 이유는 아팠던 것보다 억울함 때문이 아니었을까? 승부근성에 열심히 기어 다녔는데 끝까지 성공하지 못하고 넘어진 억울함…….

뭐 웃자고 하는 얘기다!

생활, 김정훈

GER
PASSING

SUGAR·FREE

diet-rite cola

십진법과
질량의 법칙

✕ 주산을 배우며 십진법의 개념을 알게 되다

초등학교 저학년 때였던 것 같다. 어머니께서는 무슨 생각을 하셨는지 모르겠지만 나를 웅변학원과 주산학원에 보내셨다. 지금 와서 생각해보면 어린 시절 다녔던 주산학원 덕분에 수학적인 개념이 성립이 되었고 웅변학원 덕분에 그래도 '말을 못 한다'는 소리를 듣지는 않는 것 같다.

물론 내가 그 두 종류의 학원 대변인은 아니지만 학습 후 얻은 긍정적인 결과에 대한 이야기를 하고 싶다. 주산학원을 다니면서 주산대회에도 출전하고 사칙연산(더하기, 빼기, 곱하기, 나누기를 이용하여 하는 셈)을 하는 암산 대회에도 출전을 했다. 그러다보니 자연스럽게 암산 기능도 좋아졌고 더불어 두 대회에서의 성적도 무척 좋았다.

주산도 바둑이나 태권도처럼 급수가 있고 그때 내 주산 급수도 꽤 올랐던 것 같은데 어느 정도의 급수였는지는 잘 기억이 나지 않는다.

주산 학원을 다니면서 얻은 것은 또 하나가 있는데 바로 십진법●에 대한 개념이 확실하게 성립되었다는 것이다.

십진법 전개식의 예를 들자면 이렇다.

$$12345 = (1 \times 10000) + (2 \times 1000) + (3 \times 100) + (4 \times 10) + (5 \times 1)$$

만약 십진법을 무조건 암기해야 했다면 혹시 지루했을지도 모른

| 십진법 +進法 |

1 · 2 · 3 · 4 · 5 · 6 · 7 · 8 · 9를 기수(基數)로 하고, 9에 1을 더한 것을 10으로 하여 순차로 10배마다 새로운 단위 곧, 백 · 천 · 만 따위를 붙이는 법

[출처_민중 엣센스 국어사전 제6판 전면 개정판/문학박사 이희승 감수/민중서림 편집국 편/사전 전문 민중서림/2006.1.31.]

다. 하지만 주산학원을 다니면서 자연스럽게 '수'를 알게 되고 그러면서 '십진법의 개념'을 이해하게 되었으니 그야말로 '순리에 맡긴 수학 공부의 시작'이었던 것 같다.

✕ 재래식 화장실에서 알게 된 질량의 법칙

초등학생 때였나? 명절 때 경남 거창에 계신 할아버지를 뵈러 갔는데 할아버지 댁 화장실은 재래식 화장실이었다. 일명 푸세식이라고 불리는 이 화장실은 바닥에 사각으로 구멍을 뚫어 밑에 용변을 본 내용물들이 훤히 보이는 구조였다.

여느 때처럼 나는 사각으로 뚫은 구멍의 좌측과 우측으로 다리를 벌리고 쭈그리고 앉아 용변을 보다가 문득 이런 생각이 들었다.

'밑바닥부터 구멍 가장자리까지의 가장 적당한 높이는 얼마일까?'

이유인즉슨 가장자리부터 아래까지의 높이가 너무 가까워도 아래의 내용물들이 나의 엉덩이에 바로 튈 것 같고 너무 깊을 경우 내 용변물(?)의 강도가 너무 세게 떨어지니까 더욱 많이 튈 것 같았기 때문이다. 그 당시에는 물리적 법칙에 대해 자세하게 몰랐으니까 대충

직감적으로 '적당한 높이'를 알게 되었는데 이후 '직감적으로 알게 된 그 결과'는,

대변의 질량을 높이에 대입해서 계산을 한 것이었고 바로 '질량*의 법칙'을 이용했던 것이다.

어느 수학자가 저술한 도서에서 본 내용인데 어릴 때부터의 자연스러운 수학의 터득이 얼마나 중요한 것인지 느낄 수 있는 부분이었다. 수학자는 아이에게 굳이 수학을 가르치지는 않았지만 일상생활을 하며 직접적, 간접적으로 체험하는 것들에 대한 이야기 등을 자연스럽게 수학과 연결하여 얘기를 했겠고 아이 또한 편안하게 그것에 적응하며 살았던 것 같다.

어느 날 외국으로 출장을 가게 된 수학자가 다섯 살 된 아들에게 전화를 했는데 엄마가 보고 싶은 아들은 울먹이며 이렇게 얘기했다

| 질량 質量 |

물체가 갖는 고유의 역학적인 양. (관성 질량과 중력 질량이 있음)

[출처_민중 엣센스 국어사전/제6판 전면 개정판/문학박사 이희승 감수/민중서림 편집국 편/사전 전문 민중서림/2006.1.31.]

고 한다.

> 「"엄마! 선물을 무한만큼 사가지고 0만큼 빨리 와!!!"
> 선물을 많이 사가지고 빨리 오라는 메시지를 전달하기 위해 '무한'
> 과 '0'이라는 개념을 동원하다니……
> 그 순간 아이에 대한 그리움 그리고 '무한'과 '0'을 그럴듯하게 사
> 용한 언어 구사에 대한 감동으로 전화기 앞을 한동안 떠나지 못 했
> 다.」 [수학 비타민/박경미 저/중앙M&B/207p/2003.10.25]

 수학적 머리가 좋은 어머니를 닮은 내가 무척 공감이 가는 내용이
었다. 예를 잠깐 들었지만 내가 만약 부모인데 '공부 잘하는 자녀'를
만들고 싶다면 어릴 때 주산학원 등을 다니게 하고 싶다. 우리 어머
니가 그러셨던 것처럼. 왜냐하면 수학에 대한 논리적인 개념을 성립
할 수 있도록 도움을 줄 수 있기 때문이다.
 그리고 생활을 하면서 사소한 것에서도 '왜?'라는 의문을 갖게 되
면 그것이 곧 공부와 연결되는 것이라고 생각한다. 내가 '질량의 법
칙'을 재래식 화장실에서 알게 된 것처럼 말이다.

생활, 김정훈

김정훈의

눈을 부릅뜨고
수학 책을 노려보다

✕ 중학생이 되고 첫 시험에서 전교 1등을 하다.

　나는 초등학생 때까지 공부에 큰 뜻이 없이 평범하게 지냈는데 중학교에 들어가서는 공부를 열심히 했다. 공부를 정말 잘하던 우리 형에게 자극을 받아서 공부에 집중했다는 것은 다른 이야기에서도 언급하겠지만 어쨌든 중학생이 되었으니 첫 시험부터 공부를 열심히 해서 전교 1등을 했다.

　중학생 때 성적을 생각하면 1학년 때보다 2학년 때 잘하고 2학년 때보다 3학년 때 잘 했다. 한 학년 정규 교과 과정이 끝나면 겨울방학 이전에 해당 학년 시험을 합해서 전교 등수를 알려줬는데 1학년 마칠 때는 전교 3등, 2학년 마칠 때는 전교 2등, 3학년 때는 전교 1등으로 졸업을 했다.

오래달리기에서 줄곧 1등을 했던 것을 보면 지구력이 강했던 것 같은데 공부에서도 계단을 밟듯 차근차근 성적이 올라간 것도 어찌 보면 지구력이 공부와도 상관이 있던 것 같다. 그렇게 중학교 1, 2, 3학년을 보내면서 이과 계열인 수학, 과학 쪽에 관심을 가지게 되었다.

내가 TV 프로그램인 〈브레인 서바이벌〉에서 이야기했던 '명도와 채도 순'으로 암기했다든가 하는 공부법들은 많이들 알고 있고 그런 공부 방법을 실천하는 사람도 많을 것이기 때문에 특별하다 할 수 없으니 몇 가지 나만의 공부 방법을 이야기하고 싶다.

✕ 적극적인 공부법을 좋아하는 나

일단 나는 가만히 앉아서 계속 공부하는 스타일은 아니다. 어떤 사람들은 내 이미지에서 '한자리에 몇 시간이고 계속 앉아서 꼼짝도 하지 않고 공부할 것 같다'라고 느껴지기도 한다는데 그렇지 않다. 나는 교과서를 읽을 때도 일어나서 서성거리면서 읽는다. 몸을 움직이면 '뇌가 더욱 활성화'되어 공부가 잘 되고 피로함도 덜 하기 때문이다.

그리고 좋아하는 과목은 시험 기간에 공부하지 않는데 좋아하는 공부는 평소에 하고 시험 기간에는 부족한 과목 위주로 공부를 했다. 수학은 시험공부를 따로 한 적이 없고 암기 과목은 공부할 양이 적으면 시험 전날에, 공부할 양이 많으면 시험 이틀 전에 공부를 했다.

그러니까 종합하자면 시험 기간 중에 주로 공부했던 과목은 언어 영역이었다. 언어 영역은 단순한 암기과목이 아니라 깊이 이해를 하는 부분이 있어 신경 써서 공부를 했다.

좋아하는 과목은 ➡ 평소에

암기 과목은 ➡ 공부할 양에 따라
해당 시험 바로 전 날이나 이틀 전에

언어 영역은 ➡ 시험 기간에

그리고 〈학교 다녀오겠습니다〉에서도 했던 이야긴데 '교수법'이 있다. 학생 때도 친구들이 나한테 이것저것 많이 물어봤는데 친구들에게 설명을 해주면서 내 공부가 굉장히 많이 되었었다. 가르쳐 주다 보면 공부에 대한 개념이 더욱 확실해지는데 십분 가르치는 것이 한 시간 공부하는 것보다 효과가 있을 때가 있다.

또 하나 단어를 암기할 때 그 단어에 의미를 두는 방법으로 암기를 한다. 〈학교 다녀오겠습니다〉의 〈고양 국제 고등학교 편〉에서 스페인어를 공부할 때도 이 방법을 이용했는데 예를 들면, 스페인어로 '프리마베라'가 봄인데 '프리*호텔'과 '리베* 호텔'을 합해서 '프리마베라'를 암기했다.

'프리*호텔'과 '리베*호텔'은 봄에 가야지! '
이런 식으로 연상기법을 대입시켜 암기하는 식이다.

그러나 도무지 연상기법이 떠오르지 않을 경우에는 '통'으로 암기한다. 개인적으로 나는 화학을 무척 싫어했는데 이유는 암기할 것이 지나치게 많아서였다. 또 실험을 하더라도 '개념에 대한 실험'이 아니라 '현상을 알기 위한 실험'인 것도 싫어하는 이유 중 하나였다.

그러나 가장 중요한 것은
'교과서 중심으로 공부한다'
는 것이다.

수포자의 경우 수학을 가장 두려워하고 싫어하니 더욱더 교과서를 집중해서 보되 특히 본인이 짜증 나는 단원일 때는 부담을 내려놓고 그냥 가만히 읽으라고 하고 싶다.

'왜 내가

너,

수학을 싫어할까?'

라고 생각하며 물끄러미 보는 것이다. 그러다 보면 어느 순간 봇물이 '탁'하고 터지듯 두려움이 풀릴 것이다. 프롤로그에서 이미 '교과서 중심'의 공부가 중요하다는 의견을 이야기했지만 그럼에도

"왜 교과서 중심의 공부가 중요하다고 하죠?

다른 방법을 알려 주세요!"

라는 사람이 있다면 다시 강조하고 싶다. '그렇게 항의할 만큼 교과서를 집중해서 봤느냐'고 말이다. 교과서 안에 모든 것이 있는데 그 중요함을 인정하지 않고 자꾸 다른 곳에서만 정보를 얻으려고 하니 부모님들은 더욱 혼란스럽고 학생들은 괴롭기만 한 것이다.

수학을 두려워하고 싫어한다면 그냥 교과서를 자연스럽게 읽기를 권하고 싶다. 이 공식을 외우고 저 공식도 외우고, 이 문제를 꼭 풀어야 한다면서 압박감을 갖지 말고 그냥 물끄러미 보라는 것이다.

교과서를 집중적으로 본 다음에 다른 교재들을 봐도 늦지 않다. 정규 교과의 교과서는 괜히 만들어진 것이 아니다.

김정훈만의 공부 방법

1. 생활 속에서 자연스럽게 느껴지는 모든 것에 대해 수학적 호기심을 가졌다.

2. 시험 기간에는 부족한 과목을 공부했다.

3. 단어 암기는 연상기법을 대입했다.

4. 교수법을 좋아하는데 학생들에게 적극 추천하고 싶다.

5. 가장 중요한 것은 바로 '교과서 중심으로 공부'하는 것이다.

6. 일어나 천천히 걸어 다니면서 교과서를 읽는 등 몸을 움직이며 적극적인 공부 방법을 좋아했다(학교 수업 시간이 아닌 나 혼자만의 환경이 조성되었을 때).

생활, 김정훈

압박감을 갖지 말고
그냥 물끄러미 보라는 것이다.
부담을 내려놓고
그냥 가만히 읽으라고 하고 싶다.

볼펜 **중력의 법칙**
삼총사

✕ 볼펜으로 '중력 가속도' 계산

중학교 몇 학년 때인지는 확실하게 기억이 나지 않는데 재미있는 친구들과의 에피소드가 있다.

같은 반에 나 이외에 두 명의 친구가 있었는데 그 친구들은 각 과목 성적이 전반적으로 잘 나온 것이 아니라 수학, 과학만 굉장히 잘 나왔던 특수한 케이스였다. 그런 이유로 전체적인 성적은 내가 좋았고 그 친구들은 치우친 성적을 보였었다.

그 친구들과 나는 사이가 꽤 좋았는데 친구들과 했던 여러 가지 기이한(?) 행동 중 한 가지를 얘기하고 싶다.

그것은 '볼펜을 이용한 중력 가속도'를 알아보는 실험이었는데 예를 들면, 한 명이 책상에 올라가 볼펜을 바닥으로 떨어뜨리면 다른 한 명은 시간을 재는 등 대부분의 친구들이 볼 때는 '살짝 이상한 행동'을 했었다.

반 친구들은 그런 우리들을 이상하게 보기도 했지만 내 마음속으로는 '두 명의 친구들이 이과적인 부분에서 나보다 낫다'라는 생각을 해서 그런지 그 친구들의 행동을 따라 하곤 했었다. 지금 생각하면 두 명의 친구들과 했던 특이한 행동들이 어처구니없기도 하지만 그때는 나름대로 '학구열에 불타는' 행동이었던 것 같다.

가뜩이나 초등학교 때에 비해 중학교 수학부터는 개념 자체를 새롭게 배웠던 까닭에 열심히 공부했는데 '볼펜 중력의 법칙 삼총사'는 학업에 있어 과열경쟁이 붙어서 수업시간에 선생님께서 학생들에게 질문을 하시면 경쟁하듯이 대답하고 그러면서 더욱 열심히 공부했던 것 같다.

✕ 진주시에 있는 고등학교 학생들 중에서 자연계 1등을 하다

'볼펜 중력의 법칙 삼총사'중에서 나를 제외한 두 명의 친구들은 중학교를 졸업하고 과학 고등학교로 진학을 했다. 나는 사실 과학 고등학교를 가고 싶었는데 인문계 고등학교의 문과˚ 로 가서 법조계 분야의 공부를 하기 원하셨던 아버지의 반대로 가지 못 했다.

　솔직하게 고백하자면, 나는 가족들 몰래 과학 고등학교 시험을 봤는데 불합격을 하는 바람에 그 사실조차 알리지 않고 인문계 고등학교에 입학을 하게 된 것도 이유 중 하나다.

　그런 '비밀스러운 사연'(?)을 품고 인문계 고등학교에 진학을 했는데 1학년 때 공부를 해보니 아무래도 자연계열이 맞는다고 판단을 해서 1학년이 끝나갈 무렵 아버지한테 '이과˚ 로 가겠습니다.'라고 말씀드렸다. 그랬더니 아버지께서는 내 그동안의 고집에 포기를 하셨는지 '알아서 해라'라고 하셔서 2학년 때 이과를 선택해서 가게 되었다.

| 문과 |

인간과 사회에 관하여 연구하는 학문.
문학, 철학, 사회 등 문화에 관한 학문과 법률, 경제학 등도 포함한다.

| 이과 |

자연계의 원리나 현상을 연구하는 학문.
화학, 물리학, 생리학, 지질학, 천문학, 물리학 등이 포함된다.

내가 다니던 고등학교는 워낙 공부를 많이 시켰는데, 고등학교 1학년 때도 밤 10시까지 야간자율학습을 했고 서울대학교, 연세대학교, 고려대학교를 보내겠다고 전교 50등까지는 '특별반'이라는 것을 만들어 따로 수업을 듣기도 했다.

　　정말 공부만 했던 학창시절이었는데 그렇게 열심히 공부를 하면서 진주시에 있는 고등학교 학생 중에서 자연계 1등을 하기도 했지만 나도 이제는 나이를 먹었는지 아련한 옛날 같다.

내게 있어 **수학**은
존재의 **이유**

✕ 유전적 머리와 자연스러운 학습법을 익히다

내가 수학을 좋아했던 이유를 생각해 보면 '어머니께로부터 받은 수학적 머리'와 부담되지 않은 자연스러운 학습법의 실천이 더해져서인 것 같다. 앞에서도 말했듯이 어린 시절 주산학원과 웅변학원을 다니며 십진법의 개념도 익히고 '수'와 더욱 친숙해졌다고 했었다.

그 당시에는 너무 어렸기 때문에 어머니께서 나를 주산학원과 웅변학원에 왜 보내셨는지 알 수 없었지만 시키시는 대로 열심히 다녔던 그곳에서의 학습경험은 무척 긍정적이었던 것은 분명한 것 같다.

공부에 그다지 흥미를 느끼지 못 했던 초등학교 때도 수학은 좋아하고 잘했던 것을 보면 나는 확실히 수학을 좋아했다. 지금이야 나이도 들어 열정이 줄어들었지만 고등학교 3학년 때까지만 해도 수학은 내게 삶 그 자체였던 것 같다.

수학을 별로 좋아하지 않는 사람이 들으면 도대체 이해가 되지 않는다고 할 수 있겠지만 나는 수학문제를 풀며 스트레스를 풀었고 수학을 생각하면 마음이 안정되었다.

고등학교 2학년 봄에 갑자기 심한 우울증에 걸렸는데 눈을 뜨면 지옥과도 같고, 자아가 불투명해지면서 존재 자체가 무의미해지는 것 같은 그런 힘든 상황을 겪어야 했다. 우울증의 원인도 무엇인지 정확하게 모르겠는데 나는 하루하루 말라가는 나뭇잎처럼 마음이 건조해졌다.

특히 고등학교 2학년이 되면서 처음으로 '물리'라는 것을 배웠는데 그 때 힘의 개념, 벡터˚ 등을 배우게 되었다. 나의 지금까지 공부 방법은 직관적으로 이해하고 파악하여 응용을 하는 것이었는데 물리는

| 벡터 vector |

크기와 방향을 가지는 양

그 개념이 직관적으로 받아들여지지 않아 나 자신이 비참해지는 느낌을 받았고 좌절감까지 느끼게 되었다.

✕ 존재의 이유였던 수학

그런데 유일하게 '온전한 나'로 돌아가는 때가 있었는데 아련한 상태에서 잠이 깼을 때와 수학을 풀 때였다.

책을 봐도 무의미하고 수업시간에 선생님 말씀을 들어도 감흥이 없고 내가 무엇을 하고 있는 것인지 도대체 알 수 없었는데 수학문제만 풀면 정신이 명료해지면서 생기가 오르는 느낌이었다. 그래서 그 이후부터는 내 마음이 편하기 위해서도 자율학습 시간에 수학문제만 풀었다.

하지만 자율학습이 끝나고 집으로 돌아가는 시간이나 수학을 붙잡지 않고 있을 때는 지옥과도 같은 시간이 되풀이되었다.

그러니까 쉽게 표현하면, 수학문제를 풀지 않을 때는 '지옥의 방'에 들어가는 느낌이었고 다시 수학을 풀 때는 '지옥의 방'에서 나오는 느낌……. 정말 신기할 정도로 이상한 경험이었다.

어떤 사람은 자유롭게 이곳저곳 여행을 다니면서 스트레스를 푼다고도 하고 어떤 사람은 쓰러질 정도로 춤을 춰서 고통스러운 마음을 푼다고도 한다.

그런데 나는 수학문제를 풀며 '마음의 안정'을 얻었다고 하니, 수학문제를 풀면 도리어 없던 병까지 얻을 것 같은 '수학을 좋아하지 않는 사람'은 싫어할 수도 있으리라…….

어쨌든 나를 무척 괴롭혔던 고등학교 2학년 봄부터의 우울증은 수학문제를 푸는 동안 잠깐씩 '처방 효과'를 보다가 아이러니하게도 학교 축제에서 낫게 되었다. 물론 내가 워낙 힘들어하는 것을 아셨던 선생님들과 주위에서 많이 도와줘서 극복한 것도 빼놓을 수 없는 이야기다.

축제에서 나는 여장(여자로 분장)을 했는데 KBS 2TV〈해피투게더〉에서도 언급했지만 온갖 병원을 다 다녀도 낫지 않던 우울증이 고등학교 축제에서 예쁘게 여자로 분장을 하고 그 시간들을 친구들과 즐겁게 즐기면서 낫게 되었으니 이것도 참 신기한 일이 아닐 수 없다.

이때 이후부터 미팅도 하며 남은 학창시절을 잘 보냈던 기억이 있는데 다음 해에는 다음 '퀸'에게 왕관도 물려주는 등 추억의 한 장을 채우는 이야기가 되었다.

축제 때 이야기까지 하게 되었지만 이렇듯 내게 있어 수학은 따뜻한 고향 같기도 하고 사랑스러운 연인 같기도 하면서 어떨 때는 편안한 친구 같기도 한 '존재의 이유'였던 것 같다.

유일하게
'온전한 나'로
돌아가는 때가 있었는데
아련한 상태에서 잠이 깼을 때와
수학을 풀 때였다.

생활, 김정훈

일본 활동 VS 중국 활동

✕ 철저하게 외로웠던 일본에서의 3개월

한국에서 TV 드라마 〈궁〉의 방영이 끝난 직후부터 일본 활동을 시작하게 되었다. 일본에서 〈궁〉이 잘 될 것이라고 생각했는데 판권 문제 때문에 바로 방영을 하지 못하는 등 여러 가지 난관이 있었고 그로 인해 중국이나 동남아시아 국가들에 비해 일본에서는 크게 성공을 거두지는 못 했다.

〈궁〉이 잘 된 상태에서 일본에 갔다면 조금이라도 편하게 데뷔를 했을 텐데 그렇지 않았기 때문에 고생을 했다. 일본에서는 가수로 데뷔를 했는데 길거리, 10명도 채 되지 않는 사람들 앞에서 노래를 부르는 등 완전하게 처음부터 시작하게 되었다.

그렇게 하나하나 단계를 밟아 나갈 때쯤 일본에서 〈궁〉이 방영되면서 다행히도 활동의 폭이 조금씩 넓어지기 시작했고 감격스럽게 가수로 데뷔한지 몇 개월 만에 콘서트를 하게 되었는데 1,000여 명의 관객이 찾아와 주었다. UN 때도 하지 못 했던 콘서트를 일본에서, 그것도 '솔로 가수'로서 하게 된 것이다.

"UN 때 콘서트를 하지 않았다고요?"

라며 깜짝 놀라는 사람도 있을 텐데 가수 활동을 5년여 했으면 '콘서트는 당연히 했을 것'이라고 생각할 것이기 때문이다.

UN때 콘서트를 하지 못 했던 이유는 기타 물리적 여건으로 인한 것이었는데 지난 시절의 이야기니 접어 두도록 하겠다.

아무튼 한국에서도 하지 못 했던 콘서트를 타지에서 하게 되었는데 1,000여 명의 관객이 와주었으니 나한테는 고무적인 일이었다. 그렇게 활동 분위기가 한 단계 올라가다 보니 '일본어를 배워야 하겠다!'라는 생각이 들어 그로부터 약 3개월을 일본에 체류하게 되었다. 이전까지는 한국과 일본을 자주 왕래하는 상황이었다.

굳은 결심을 하고 체류한 3개월이었지만 정말 힘들었다.

그때 나는 전철역 옆 맨션에서 생활했는데 새벽 1시에 전철 운행이 끊기고 새벽 4시에 전철 운행이 시작되는 곳이었다.

일본어 공부도 해야 하는 등 낯선 곳에서의 생활이니만큼 긴장이 되어 잠도 늦게 들다 보니 마지막 전철과 시작 전철의 소리를 실시간으로 체감하며 생활하게 되었다.

특히 내가 일을 해야 하는 시간이나 사람들이 북적이는 소라가 들리면 그나마 견딜만한데 그 소리가 하나둘 멀어져 가고 마침내 사람들 소리도 전철 소리도 완전히 끊기게 되면 정말 힘들었다. 마치 '칼바람을 맨몸으로 맞듯' 외로움이 깊이 밀려들었기 때문이다.

해가 빨리 뜨는 일본이라서 아침도 빨리 시작되는데 다시 조금씩 사람들의 웅성거림이 들리면서 전철 운행이 시작되면 또다시 '후우' 하고 한숨을 쉬게 되는 그런 날의 연속이었다.

매니저나 코디네이터 등 늘 함께 해왔던 사람들 없이 처음으로, 혼자 외국에 있었던 그 3개월의 막막한 외로움은 아직도 생생하다.

하지만 고통이 있으면 얻는 것도 있는 것 같은데 '철저하게 외로웠던 그 기간'에 배웠던 일본어가 지금까지의 일본 활동을 든든하게 지탱해주는 기초가 되었다.

✕ 근본적인 외로움 〈 다른 스트레스의 중국

2007년도에 중국에 처음 가서 3개월 동안 드라마를 촬영하게 되었다. '혼자 외로웠던' 일본에서의 3개월과는 다르게 매니저, 코디네이터 등과 함께 생활했기 때문에 '근본적인 외로움'은 덜했는데 의외의 스트레스가 컸다.

그 시절의 중국 엔터테인먼트의 시스템은 지금보다는 열악했던지라 일을 매끄럽게 하기에는 어려운 상황들이 많았던 것이 큰 스트레스였다. 거기에 중국인 특유의 언어, 문화적인 부분에서 어려움이 있었는데 이제는 적응이 되었는지 잘 느끼지 못 할 때도 있는 정도까지 되었다.

여기서 하나, 내가 왜 일본에서는 가수로 데뷔를 했고 중국에서는 배우로 데뷔를 했는가 하는 부분에 대해 궁금해하는 사람들도 있을 것이다.

"한국, 중국, 일본 세 나라를 모두 다르게 공략하기 위한 고도의 전략이었나요?"

아니다. 거창한 전략은 없었다. 중국에서는 '후시 녹음'⁕이라서 한국어로 연기를 해도 되는 시스템이고 일본은 일본어로만 연기를 해

| 후시녹음 |

촬영이 끝난 후에 화면을 보면서 입 모양에 맞춰 사운드를 녹음하는 방법

야 하는 시스템이기 때문에 그렇게 된 것이다.

물론 일본에서 코믹 연기 등 정극이 아닌 분야에서 연기한 경우도 있지만 어쨌든 '언어적인 이유'에서 일본은 가수, 중국은 배우로 데뷔를 하게 된 것이다.

중국에서도 가수로서 음반을 내기도 했지만 그곳에서는 TV 드라마 〈궁〉이 정말 잘 되어서 김정훈은 당연히 '연기자'로 인식을 하기 때문에 노래를 하면 오히려 어색한 상황이 된 것도 배우 활동을 하는 이유 중 하나이다.

'김정훈이 분명 무엇인가 전략이 있었을 거야!'

라고 생각하던 사람이라면 조금 허탈하겠지만 나, 김정훈은 의외로 단순하다!

❖ 김정훈이 말하는 일본 활동의 장점과 단점 ❖

장점
1. 일할 때 편하다. 시간적인 부분에서 오차가 없기 때문에 정확하다.
2. 의사소통 부분에서 수월한 면이 있다.

단점

원칙과 약속을 매우 중요시하기 때문에 융통성 면에서 조금 아쉽다.

❖ 김정훈이 말하는 중국 활동의 장점과 단점 ❖

장점

1. 융통성이 있다.

→ 가령 12시간 계약을 했을 경우 오전 7시에 일을 시작하면 오후 7시에 일이 끝나게 된다. 그런데 오후 3시쯤 되었을 때 '배우의 컨디션이 좋지 않다' 하는 경우 촬영 분량이 조금 남아있어도 그날의 촬영은 끝나게 해준다(물론 제작비가 부족한 드라마의 경우에는 융통성이 조금 덜할 수 있다).

2. 친화력이 좋다

→ 중국에서는 사람들이 잘 모이는데 만약 김정훈이 작가와 만나기로 했다. 그럼 그 작가는 김정훈에게 사전 아무런 언급을 하지 않고 처음 보는 사람 3~4명을 데리고 나온다.

　　한국과 일본은 그런 경우 보통 약속 상대한테 전화로라도 양해를 구하고 수락하면 일행을 데리고 오는데 중국은 그런 과정을 거치지 않고 그냥 함께 나온다.

나도 처음에는 무척 당황하기도 했지만 이제는 익숙해져서 그런 점이 오히려 좋은 것 같다.

단점
계약에 맞춰 매일 촬영해야 하기 때문에 힘든 부분도 있다.

❖ 일본과 중국의 공통점 ❖

1. 내 경우 일본과 중국의 음식이 모두 잘 맞는다.
2. 한국과 비교해볼 때 배우 및 가수(연예인)에 대한 대우가 좋다.
→일본에서는 가수를 '아티스트'라고 부르는데 호칭에 맞는 대우를 해준다.

만약 한국에서 TV 미니시리즈를 촬영한다면 거의 밤샘 촬영을 하는 것이 현실인데 그런 살인적인 스케줄에 지쳐 배우가 '힘들다'라고 호소한다면 함께 일하는 사람들은 대부분 이렇게 말한다.

"다 그렇게 하는 거야!"

하지만 중국의 경우 계약된 시간 이후에는 배우를 쉬게 해주면서 나머지 많은 스태프들이 알아서 한다는 주의다. 왜냐하면 배우는 화면에 얼굴이 나와야 하는 사람이기 때문에 당연히 존중이 되어야 한다고 인식하기 때문이다.

하지만 그럼에도 불구하고 우리말로 대화할 수 있는 한국이 가장 좋다. 중국, 일본 상대 배우가 그들의 언어로 연기를 할 때 느껴지는 이질감은 분명히 존재하기 때문이다.

생활, 김정훈

내가 **가장 좋아한** 과목, **싫어한** 과목

✕ 경쟁의식 느끼게 해준 우리 형

나는 과학자가 되는 것이 꿈이어서 물리와 지구과학을 좋아했지만 수학도 참 좋아했다. 공부에 큰 관심이 없었던 초등학생 때도 수학(산수)은 좋아했으니까. 좋아하던 수학을 좀 더 좋아하게 된 계기는 이렇다.

나와 10살 차이가 나는 형이 대학생이 되어 형 방을 쓰게 되었다. 형은 아이큐가 150이 넘는, 동네에서 '수재로 소문이 난' 만큼 집에 상장이 무척 많았는데 모범상뿐만이 아니라 수학경시대회 1등상 등 공부에 관계 된 상장들로 집은 마치 '상장들의 집합소' 같았다.

부모님은 드러내어 비교는 하지 않으셨지만 내가 워낙 예민한 성격이다 보니 스스로 은근히 신경이 쓰였던 것 같다. 은연중에 경쟁의식도 느끼면서 '나도 형처럼 잘 하고 싶다.'라는 마음, 거기에다 어머니께로부터 받은 '유전적인 머리'도 있는 것 같고 해서 수학(산수) 공부를 무척 열심히 했었다.

조그만 초등학생 아이가 뭘 그리 잘해보겠다고 마음을 먹었었는지 내가 생각해도 신기할 따름이다.

형에 대해서 좀 더 얘기하자면, 형은 이과 쪽에서 천재와도 같은 사람이었다.

내가 고등학교 때 공부하던 것보다 공부를 훨씬 잘하던 사람이었다. 좋아한 과목이 있는 만큼 싫어한 과목도 당연히 있었다. 우리 아버지는 고등학교 선생님이셨는데(정치, 경제, 사회) '아버지께서 가르치시는 과목'을 싫어했다. 아버지는 서운하실 수도 있었겠지만 이것은 순전히 내 공부 성향 때문인 것이지 아버지 자체와는 관계가 없음을 강조하고 싶다.

언어영역, 암기과목 등을 못하지는 않았지만 좋아하지 않았고 더불어 미술, 음악도 싫어했는데 순수과학° 관련한 이과계열만 좋아했다.

'생활 그 자체가 곧 수학'인 나는 눈에 보이는 것들에 대해 수학적으로 생각하는 습관이 있다. 예전에 방송에서도 했던 얘기인데 예를 들면,

차량 번호판의 번호가 56가 2513이라면,

$$5+6=2+5+1+3$$

1997년도라는 숫자를 보면,

$$1+\sqrt{9}=-(\sqrt{9}-7)$$

이런 식으로 자연스럽게 수학적 머리가 가동되고는 하는데 이렇듯 내게 있어 수학은 그저 교과 중 한 과목의 단순한 의미가 아니라 '생활 그 자체'인 것은 부인할 수 없는 사실이다.

| 순수과학 純粹科學 |

자연과학의 기초 원리와 이론에 대한 학문. 물리학과, 화학과, 천문학과 등이 해당된다.

김정훈의 수학에세이

생활, 김정훈

내가 이루고 싶었던
과학자의 꿈

✕ 원대했던 개인의 꿈

나는 사실 과학자가 되고 싶었다. 순수과학 쪽을 좋아했는데 물리나 수학도 과학만큼이나 좋아했다.

"와~ 인류에 공헌하시려고 과학자가 되고 싶으셨나요?"

과학자나 물리학자가 꿈이라고 하면 이런 질문을 하는 사람이 꽤 있을 것이라고 생각한다. 최초의 방사성 원소인 폴로늄과 라듐˚을 발견한 과학자 마리퀴리˚나 특수상대성 이론˚과 일반상대성 이론 등을 주창한 물리학자 아인슈타인˚, 미적분학을 발전시킨 수학자이자 물리학자인 오일러 등 세계의 유명한 과학자, 물리학자들은 일반인이 쉽게 생각하지 못할 '이론'을 주창하고 원소 등을 발견했다.

그것으로 인해 인류의 삶은 더욱 발전되었기에 과학자, 물리학자의 꿈을 꾼다는 것은 '인류에 공헌하기 위한 소망'을 가진 사람이라고 여길 수 있기 때문이다.

하지만 나는 아니었다. 순수과학을 공부해서 인류에 공헌하겠다는 꿈보다는 개인적인 만족 때문에 과학자가 되고 싶었다. 학생 때는 오로지 공부만 하던 시절이라 '공부에 대한 성취욕구'가 강했고 모든 것을 포기할 수 있을 정도로 진실에 다가가는 것을 좋아했다.

✕ 나이 먹어가면서, 현실적이 되면서

내가 차츰 진실에 다가가다 보면 신에게 다가갈 수 있지 않을까 하는, 말하자면 신의 영역까지 약간 넘보는 방자한 생각을 가지고 있었다. 하지만 나이를 먹고 현실적이 되어 가고 다른 재미있는 것들을 발견하게 되면서 '순수과학 쪽에 원대한 꿈'을 가지고 있었으나 조금은 속물이 될 수도 있었으리라… 하는 생각도 한 편으로는 하게 되었다.

그럼에도 그 당시의 꿈은 순수하고 열정적이면서 숭고하기까지 했었는데 정말 그 길을 걸었다면 운이 좋게 '무엇인가를' 발견할 수도 있었겠고 어느 연구소에 들어갈 수도, 교수가 되었을 수도 있을 것이다.

아니면 노벨상에는 수학상이 없는데 '수학 분야의 노벨상'이라 일컬어지는 '아벨상'도 탈 수 있었을까? 아무튼 그 때의 나는 그 정도로 진지했었다.

| 마리퀴리 Marie Curie, 1867. 11. 7 ~ 1934. 7. 4 |

라듐을 발견한 폴란드 태생 과학자

* 라듐 radium

우라늄 광석에서 발견한 최초의 방사능 원소

| 아인슈타인 Albert Einstein, 1879. 3. 14 ~ 1955. 4. 18 |

브라운 운동의 이론, 상대성 이론을 발표한 독일 태생 이론물리학자

* 상대성 이론 theory of relativity

자연법칙이 관성계에 대해 불변하며 시간과 공간이 관측자에 따라

상대적이라는 이론.

| 오일러 Leonhard Euler, 1707. 4. 15 ~ 1783. 9. 18 |

미적분학을 발전시키고 변분학을 창시한 스위스의 수학자, 물리학자

| 아벨상 Abel Prize |

수학 분야의 노벨상으로 일컬어진다.

나이 제한 없이 응용수학과 순수수학을 아울러서 수상자를 결정한다.

가난과 결핵으로 요절한 노르웨이의 수학자인 아벨 탄생 200주년이

되는 해인 2002년 1월에 제정되었다.

매력적인
메르센 소수

✕ 무한한 발전 가능성을 열어둔 메르센 소수

이상한 매력의 소수가 있다. 질서 정연한 일반적인 수학의 느낌과는 무척 다른 메르센 소수인데 가우스가 1부터 100을 더해 등차수열 만드는 기반을 만들었다면 메르센은 마치 연기와도 같은 느낌으로 마침표를 찍지 않고서 발전 가능성을 열어 둔 채

'정답을 풀다'가 아닌 '발견한다는 것'에 의미를 둔 수학자이다.

사실 메르센이라는 수학자를 알게 된 것은 정말 우연한 기회를 통

해서였는데 게임 아이디를 만들다가 알게 되었다. 가만히 생각해보면 수학은 이렇게 생각지도 못한 소소한 일상에서 자연스럽게 만나는 기회가 많다.

게임을 하려고 게임 아이디를 찾는데 수학자 이름으로 만들어야 하겠다는 생각이 들어 이름을 한 명 두 명 떠올리게 되었다.

원기둥에 내접하는 구의 부피가 원기둥 부피의 ⅔가 된다는 사실을 발견한 아르키메데스는 이름이 길어 불편하고 1부터 100을 더해 등차수열 만드는 기반을 마련한 가우스는 이미 아이디로 만들었고 미적분학을 정립한 수학자 뉴턴은 많이들 알고 있는 이름이라서 큰 매력을 느낄 수 없고 등각나선을 생각해낸 야곱 베르누이는 수학자이기보다는 작가 이름과도 같은 느낌이 있고 방정식에 몰두했던 디오판토스는 로마 신화에 등장하는 신의 이름과도 같은 느낌이고……

그렇게 수학자 이름을 찾다가 메르센을 알게 된 것이다. 이상하게도 끌리는 매력이 있었던 메르센이 궁금하여 더욱 열심히 알아보다보니 지금도 많은 수학자와 비수학자들의 숙제로 남아있다는 메르센소수[*]까지 알아보게 되었다.

마흔일곱 번째 소수까지 발견한 메르센 소수는 슈퍼컴퓨터로도 계산이 되지 않고 많은 수학 공식을 대입해도 명쾌하게 풀어낼 수 없는 이상한 매력의 소수였다. 만약 그다음 메르센 소수를 발견한다면 그 사람은 아마도 '수학의 노벨상'이라고 일컬어지는 '아벨상'을 받지 않을까 생각한다.

그때는 내가 제대를 하고 기획사 이름을 만드는 시점이었는데 메르센에 깊이 빠져 기획사 이름을 '메르센'으로 짓기도 했었다.

어떻게 보면 사람들에게 무책임하게 과제를 던져놓고 갔다는 생각마저 드는 메르센이기에 끌리게 되었고 그래서 더욱 알고 싶었던 것 같다.

| 메르센 소수 |

메르센 소수란 1과 자신 이외의 약수를 갖지 않는 소수 중, 2의 거듭제곱 마이너스 1의 형태를 갖는 수이다.

소수(素數 prime number)는 2, 3, 5, 7, 11, 13...처럼 1과 자신을 제외하고는 다른 약수가 없는(나눠지지 않는) 숫자다. 기원전 350년 수학자 유클리드가 처음으로 발견한 이래 소수는 '수의 기초'로 불려왔다.

프랑스의 수도사였던 메르센 (Mersenne, 1588-1648)은

22-1=3, 23-1=7, 25-1=31, 27-1=127

처럼 '2n-1'형태의 많은 수가 소수가 됨을 발견했는데,

그 이후 사람들은 '2n-1'(여기서 n은 소수) 형태의 수를

'메르센 수'라고 불렀으며 메르센 수 중에서

소수가 되는 수를 '메르센 소수 (Mersenne Prime)'라고 부르게 되었다.

즉,

'2n-1'(여기서 n은 소수)이 소수일 때 이를 메르센 소수라 하며,

첫 번째 메르센 소수는 3, 두 번째 메르센 소수는 7이 된다.

지금까지 메르센 소수는 3, 7, 31, 127 등 47개가 발견되었으며

계속적으로 컴퓨터를 이용해서 새로운 메르센 소수를 찾고 있다.

[출처_시사 상식 사전, pmg 지식 엔진 연구소, 박문각]

생활, 김정훈

서울대학교 치의예과 입학,
방황하는 나

✕ '지성인으로서의 삶'을 꿈꿨던 대학생활

진로를 생각해서 '치의예과'로 가는 것이 어떻겠느냐고 권유하시던 선생님의 뜻에 따라 지방에서 어렵게 공부해서 서울에 왔으니 어찌 되었든 공부를 열심히 해보려고 했다. 서울대학교 치의예과 1학년이 되어서 학교 기숙사에서 생활했는데 처음의 학교생활은 그럭저럭 흘러간 것 같다.

1학년이 되고 처음에는 교양과목만 들었는데 말 그대로 언어, 문학, 윤리, 심리학 등 대학생으로서 기본적으로 갖추어야 지식을 습득하는 수업 인지라 큰 어려움은 없었다.

문제는 전공과목을 듣게 된 1학년 2학기 때부터 본격적으로 시작되었다. 먼저 전공과목의 교재는 두꺼운 원서로 되어 있었는데 원래부터 영어를 그리 좋아하지 않았던 나는 일단 힘이 들었다.

　　거기에다 전공과목의 수업은 뼈를 만지고 동물의 신체를 해부하고 현미경으로 관찰하는 등의 과정으로 진행되었다. 그런데 바로 그런 형태의 수업에서 거부반응이 오게 된 것이다. 내가 좋아하는 이공계 수업방식과는 사뭇 다른, 무엇을 계속 암기하고 익히는 수업방식에서 일대 혼란을 느끼게 된 것이다.

　　나는 중학생이 되고부터 순수과학 쪽을 공부하고 싶은 꿈이 생겼는데 그렇기 때문에 우주물리학이나 수학과 같은 쪽으로 관심이 많았고 생물 화학 쪽은 분자 구조에 대한 원리 공부하는 것을 정말 좋아했는데 생물은 별로 좋아하지 않았다.

　　그러니까 무엇인가를 깊이 탐구하고 주어진 문제에 대해 능동적으로 대처하고 싶다는 '학문적 소망'이 컸는데 그냥 본래 있던 것을 암기하고 실험하는 등의 상황들에서 답답함을 느끼기도 했다.

　　물론 의학은 정말 대단한 학문이고 해당 전공자들도 내가 감히 무엇이라고 말할 수 없을 정도로 공부를 열심히, 잘하는 학생이다. 하지만 내 성향과 주관으로 볼 때 '나와 잘 맞지 않는 학문'이라고 느꼈다는 것이다.

서울대학교 치의예과에는 재수, 삼수를 해서 들어온 학생도 허다했고 심지어 직장을 다니다가 '뜻을 가지고' 다시 공부를 하여 들어온 사람도 있었다.

바로 들어온 사람을 '현역'이라고 불렀는데 과 전체 학생 비율에서 절반이었나 아니면 그보다 조금 적었던 것으로 기억한다.

그렇게 여러 가지 노력을 해서 치의예과에 왔다는 것은 '현실적인 이유'도 분명히 있었겠지만 '의학에 대한 매력'도 느껴서일 텐데 그런 상황에서 동기들에게 '나는 치의예과와 잘 맞지 않는 것 같아'라고 솔직하게 털어놓기도 곤란했다.

전공이 맞지 않아 힘들어하고 있는데 설상가상으로 룸메이트가 자연 과학부 학생이었다. 그 친구는 내가 살던 지역보다 더 작은 시골에서 왔고 그다지 영특해 보이지도 않았는데(내 마음이 답답하니 더욱 부정적으로 보인 것 일수도 있지만) 자연 과학부 공부를 하고 있으니 화가 나면서도 부러웠다.

"쟤는 자연 과학부 공부를 하고 있으니 얼마나 좋을까……."

마치 내가 먹고 있는 아이스크림보다 더욱 크고 예쁘며 맛이 있는 아이스크림을 옆의 친구가 먹는 것을 보면서 부러워하는 어린아이의 마음 같다고나 할까? 어린아이 같은 심정으로 치자면 그런 것만큼 간절한 것이 없을 테니 나도 그만큼 깊이 부러웠다는 뜻이다.

✕ 서울대 치의예과와 헤어지다.

정말 마음속 깊이 소용돌이치는 혼란을 잡을 길이 없었다. 이곳저곳에서 받아들이고 느끼는 감정의 파도가 점점 커지면서 2학년 1학기가 시작되는 봄에는 드디어 일탈(!)을 하기 시작했다.

나는 고등학생 때도 친구들과 가끔씩 당구를 치고는 했는데 학업에 해를 끼치지 않을 정도로 치던 '초보 수준'이었다.

'초보 수준'이었던 내게 당구를 가르친 사람은 우리 형이다. 형은 공부만 잘했던 것이 아니라 당구도 무척 잘 쳤는데 대학을 가기 위해 서울로 올라가기 전에 형한테 당구를 배웠다. 그냥 일반적으로 가르친 것이 아니라 '이과적으로' 가르쳤는데 이를테면 당구의 '각'을 가르쳐 줄 때도 '수학적', '과학적'으로 설명을 해주었다.

형 덕분에 '체면은 약간 세울 정도'가 되어 서울에 오게 된 것이다.

그런데 대학에 와서 전공이 적성에 맞지 않아 방황하고 있던 차에 '당구장 출석 도장'을 콱콱 찍게 된 것이다. 그러면서 더불어 당구 실력은 일취월장하게 되고 술도 배우면서 나름 '학업에 대한 스트레스'를 풀게 되었다.

엎친 데 덮친 격이라고 기숙사에 돌아갈 시간이 되어도 가뜩이나 선배들이 나를 보내주지 않아 학교도 자주 결석하게 되었고 어떤 날은 수업이 오후 4시에 끝난다면 오후 3시에 그냥 나와 당구장을 가는 등의 생활을 하면서 학교와 점점 멀어지게 되었다.

그리고 바로 그 시기에 학생들을 가르치는 과외를 했는데, 아버지는 공무원이시고 어머니는 전업주부이신지라 내 학비는 알아서 벌어야 하겠다는 생각에서였다.

과외를 좀 부지런히 하다 보니 바빠져서 학교 수업과 과외가 '주객이 전도될' 때도 있었다. 당구장에, 술에, 바쁜 과외에, 잦은 결석 등으로 그림 그려진 나의 대학 생활을 요약하자면 이렇다.

'기존에 깊이 품었던 학문 자체에 대한 실망과 충격, 그것을 핑계로 다른 것들에 대한 재미가 합쳐지면서' 아웃사이더가 된 것이다. 내가 외롭지 말라고 그랬는지 모르겠지만 나 말고도 그런 부류가 몇 명 있었는데 그들 중 나와 가장 친한 친구 한 명은 '방황을 중퇴로 마무리하지 않고 무사히(!)' 졸업한 후 병원을 개업하여 결혼해서 잘 살고 있다.

물론 병원이 잘 되는 것은 아니어서 고생은 좀 하고 있지만. 요즘은 병원도 다 힘들지 않은가?

방황을 한다면 보통 어떤 계기가 있는 것이 일반적이겠지만 내 경우는 조금 다른 것이었는데 '환경적인 이유'등의 문제가 아니라 '나만의 학문적인 충격'이 계기가 되었다는 것이다. 조금 강하게 표현하자면 이렇다.

'학생 때 정말 공부만 하다가 마침 대학에 들어왔는데, 나만의 학문적 괴리감으로 인한 충격에 빠졌고 바로 그때 공부 이외의 재미있는 거리들을 처음 알게 된 시골 촌놈이 적응을 못했는데 불가피한 상황 등이 자연스럽게 겹쳐지면서 마침내 대학을 그만뒀다.'

이렇게 해서 나는 고민 많던 서울대학교 치의예과와 헤어지게 되었다.

생활, 김정훈

학교 앞에서 **연예인**으로
캐스팅이 되다

✕ 나를 설레게 했던 롯○ 월드 공짜 이용권

　대학교 1학년 3월에 '동명 고등학교 서울대 동문회' 가 있었다. 내가 졸업한 진주의 동명 고등학교에서는 서울대학교를 간 학생들이 많았는데 그런 이유로 선배들이 무척 많았다. 남자 고등학교인지라 말 그대로 '남자들만 득실거리다 보니' 분위기를 좀 상큼하게(!) 전환하고자 '숙명여대 진주시 향우회'와 조인트를 하게 되었다.

　진주시에 있는 고등학교를 졸업한 숙명여대 학생들과 만나는 그 자리가 있던 날 나는 마침 과외도 없었고 해서 참석을 계획했는데 모임에 가기 전에 '롯○ 월드'를 가고 싶다는 생각이 들었다.

그곳을 단체가 아닌 '내 돈을 내고 개인'으로 꼭 가고 싶은 생각이 들었는데 서울 학생들 같으면 유모차에 태워져 이동하는 아기 때부터 '별스럽지 않게' 가는 곳이었겠지만 '시골 촌놈'인 나한테는 꿈동산 같은 곳이었다.

드디어 꿈에 그리던 '개인 이용권'을 '내 돈'으로 사서 친구 한 명과 함께 롯○ 월드로 가게 되었는데, 마침 경품 행사를 하고 있는 것이다. 행사 내용인즉슨 '윤수일의 아파트'를 부르면 그중에서 잘 부른 사람을 뽑아 경품을 주는 것이었는데 경품을 타고 싶은 생각에 행사에 참가하게 되었다.

그런데 그날 내가 나름 옷도 잘 입고 갔고 머리카락도 예쁘게 염색을 한데다 어려 보이니까(이래 봬도 미스 동명 퀸 출신이다!) 눈에 띄었는지 행사를 담당하던 PD가 나한테 제안을 했다.

나를 불러서는 나이와 학교, 이름을 물어본 뒤 '연말에 노래 대회를 하니 한번 참가해 보는 것이 어떻겠느냐, 음성도 꽤 괜찮은 것 같다.'라고 하며 연말 대회 참여 권유와 함께 '롯○ 월드에 오고 싶을 때 아무 때나 오면 공짜로 표를 주겠다!'는 엄청난 제안을 하는 것이다.

'내 돈으로 개인 이용권'을 사서 롯○ 월드에 가보는 것이 꿈인, 공부만 하던 시골 촌놈은 연말 대회고 뭐고 '롯○ 월드에, 아무 때나, 공짜로!' 이 세 가지에 홀리듯 빠졌음은 물론이다.

╳ 약 7번에 걸쳐 캐스팅이 되다

　처음으로 인정받는 듯한 느낌이었는데 어쨌든 그런 계기로 연예 관계자들을 조금씩 알게 되었다. '롯○ 월드 행사'와는 별개로 결승 대회에 나갔는데 모 기획사의 캐스팅 디렉터가 나를 캐스팅을 했고 그러면서 해당 기획사에 영입하려고 했는데 내가 마음에 확신이 들지 않아 거절을 했다. 그래서 다른 기획사로 가서 데뷔를 하게 되었다.

　그 이전에 막걸리 집에서 다른 사람에게도 캐스팅이 되었는데 시청자들은 내가 막걸리 집에서 스카우트된 것으로 많이들 알고 있을 것이다. TV 프로그램에서는 조금이라도 재미있는 에피소드를 말해야 하니 막걸리 집 일화를 주로 전했기 때문이다.

　연예계에 데뷔하기까지 약 7번 정도, '각자 다른 인물'에게 캐스팅이 되었는데 뿌듯하게 생각해야 하는 것인지 솔직히 잘 알 수는 없다.

　UN 때의 내 모습을 기억하는 사람들은 내가 '예쁘장하게 생긴, 그리고 조금은 여성스러운 성격일 것이다'라고 생각할 수도 있는데 의외로 나는 남성적이면서 적극적인 면도 있고 경상도 남자 특유의 무뚝뚝함도 가지고 있다.

그리고 지방에서 생활한 사람 특유의 순수함도 지니고 있다. 그래서인지 연예계 데뷔도 퍽 순탄했을 것이라고 생각할 수 있으나 데뷔하기까지 비화도 많았다.

연예 관계자들이 볼 때는 '시골에서 공부만 하다 올라온 순진한 녀석'이라고 판단해서 이런저런 장소로 많이들 데려가서 구경도 시켜주고 '낯선 세상'을 접하게 해주기도 했다.

고등학생 시절 아파트 옆 동네에서 살던 '키 큰 여고생'이 나를 좋아했는데 어느 날 버스에서 나한테 '쪽지'를 전해주고는 부끄러움에 황급히 내리다가 그만 넘어졌는데 가방에서 도시락이 빠져 그 도시락이 다 열리고 엎어지고 좌우간 난리가 났었다.

그 여학생에게는 거의 '재앙'이었을 그날을 아직도 기억하는 '시골 촌놈'이 넓은 서울에 올라와서 이렇게 연예인으로 살고 있으니 참 세상 일은 알다가도 모를 일이다.

그러니까 그 정도가 나름 인기가 있었다고 내가 생각하는 '인기의 척도'였는데 서울에 와서 보고 느낀 화려함과 그 사람들이 내게 느끼는 관심의 정도는 지금까지의 나는 '우물 안 개구리'라고 느끼게 될 정도였고 그래서인지 연예계에 더욱 관심이 가게 되었다.

순진했기 때문에 '연예인이 되면 좋겠구나'라는 막연한 생각을 품게 되었던 것이다.

그런 다양한 과정들을 겪고 연예계에 데뷔했다. 대학교도 처음에는 휴학을 했는데 이후 계속 다니려고 노력은 했으나 도저히 학업을 이어갈 수 없는 환경이 되어 중퇴를 하게 되었다. 데뷔하기 위한 연습을 시작한 후 약 6개월 뒤에 UN으로 데뷔했으니 요즘 아이돌의 데뷔 과정들과 비교해볼 때 '초고속 진행'이었다고 할 수 있었다.

가수와
연기자의 차이점

✕ 팬들의 환호에 힘이 생기는 가수

2000년에 UN 1집 앨범 〈United N-generation〉으로 가요계에 데뷔했는데 2005년 9월에 그룹을 해체하기까지 긴 기간은 아니었지만

| UN _ 가수, 듀오(멤버 : 김정훈, 최정원) |

2000년 7월 ~ 2005년 9월까지 활동

평생, 파도, 선물, 미라클, 그녀에게 등의 히트곡 보유

가수로서 바쁘게 활동을 했다.

　가수는 노래에 깊이 빠지다 보면 자신도 모르게 표현력이 느는 경우가 생기는 것 같다. 그리고 현장에서 팬들의 환호를 오감으로 느끼게 되면 더욱 열정적으로 노래를 부를 수 있는 힘이 생기기도 하는데 반대로 긴장하게 되면 평소의 실력보다 못하는 경우가 있는 등 그날의 상태에 따라 매우 달라진다.

　팬들에게서 받는 그 어떤 에너지로 희열을 느끼게 되는 가수는 여러모로 현장의 반응이 중요하다고 할 수 있다.

가수의 단점

- 그날의 상태에 따라 활동력이 매우 달라지며 표현의 한계가 있다.
- 삶의 단편, 인생에 있어서 사랑을 표현하는 경우가 대부분이다.

가수의 장점

- 현장에서 느낄 수 있는 팬들의 환호에 희열을 느낄 수 있다.
- 반응의 즉각적이다.
- 가수가 노래에 깊이 빠지게 되면서 표현력이 늘기도 한다.

✕ 내가 발산하면서 느끼는 희열이 큰 연기

연기는 2006년에 MBC TV 드라마 '궁'*으로 시작했다. 선배 배우들의 연기와 깊이의 차이를 실감하며 촬영했던 '궁'은 내게 몇 가지의 느낌을 확실하게 안겨 주었던 작품이다.

마지막 촬영이 있던 날에는 급성장염으로 병원에 실려 가기도 했던 '궁'은 처음으로 정극 연기를 하면서 연기자로 발돋움할 수 있는 계기가 된 작품이다.

이후 '궁'의 제작진과 2015년에 SBS 토요드라마인 '심야식당'에서 재회하게 되었는데 '궁'의 연출자였던 황인뢰 감독이 잊지 않고 다시 불러 준 의미가 있는 작품이었고 나는 대본도 읽지 않고 출연을 결정하기도 했다.

연기의 경우 연예계에 데뷔한 후 늦게 접하게 되었지만 노래로 할 수 없던 표현을 하게 된 것이 무척 기뻤다.

| MBC TV 드라마 '궁' |

2006년 1월 11일 ~ 2006년 3월 30일까지 MBC TV에서 방영된 24부작 드라마. 윤은혜, 주지훈, 김정훈, 송지효 등 출연

노래의 경우 삶의 단편, 인생에 있어서 사랑을 표현하는 경우가 대부분인데 연기는 사랑에 국한되지 않고 인생의 전반을 표현하므로 훨씬 더 다양성이 허락되기 때문이다. 반찬으로 치자면 모든 반찬을 다 먹는 것 같다고나 할까?

현장 반응은 거의 없지만 그보다 모니터, TV나 스크린으로 보는 희열이 있다.

가수는 팬들에게서 받는 에너지로 희열을 느낀다면 연기자는 내가 발산하면서 느끼는 희열이 상대적으로 크다. 그날의 상태에 따라 표현의 한계가 생기는 가수에 비해 그런 면에서 제약이 조금 덜 한데 카타르시스를 느낄 수 있는 부분 또한 크다.

하지만 장점이 있으면 단점도 있는 법. 수면부족과 대기시간이 길다는 것이다. 사전제작이 아닌(요즘에는 사전제작을 하는 드라마가 가끔 있지만) 마치 생방송처럼 촬영하는 경우도 있다. 그래서 체력적인 면에서 무척 피곤해지는데 가수 활동과 연기를 병행해야 하는 나로서는 쉽지 않은 일이라고 생각한다.

특히 2012년에는 뮤지컬 〈캐치 미 이프 유 캔〉의 프랭크 역으로 출연하면서 이 두 가지를 오롯이 체감했는데 결코 쉬운 일이 아니었다.

연기의 단점 ....

• 수면부족과 장시간의 대기시간

- 촬영 현장의 생방송 화로 인한 피로함
- 현장 반응이 거의 없다.

연기의 장점

- 인생 전반에 걸친 표현의 다양성
- 모니터, TV, 스크린으로 보는 또 다른 희열이 있다.
- 내가 발산하면서 느끼는 카타르시스가 있다.

특별한 의미,
〈학교 다녀오겠습니다〉

✕ 빛바랜 일기장을 들추듯 울컥

JTBC 예능 프로그램 〈학교 다녀오겠습니다〉는 내게 의미 있는 프로그램이다. 개인적으로는 학창 시절의 추억을 떠오르게 해주었고 시청자들에게 '김정훈'을 다시금 알려준 프로그램이기 때문이다.

사실 나는 예능 프로그램에 출연하는 것을 원래 좋아하지 않았다. 몇 가지 이유가 있었는데 일단은 이미 있는 대본 그대로 행해야 한다는 부분이 불편했고 거기에다 대중들에게 비치는 내 이미지로만 행동해야 하는 것도 더욱 불편했다.

UN 시절에는 꽃미남이라고 해야 하나? 약간 여성스럽고 부드러운 이미지가 내가 대중들에게 어필해야 하는 이미지였다. 그런데 나는 그렇게 부드럽거나 여성스럽지도 않고 오히려 무뚝뚝한 경상도 남자, 의외의 터프함과 적극성까지 지니고 있는 성격이다. 보너스로 허당 기질도 있다. 물론 예민하고 섬세한 부분도 분명 있지만 대중들이 대부분 '그렇다'고 일방적으로 느끼는 이미지만은 아니라는 것이다.

UN 당시에는 지방 공연들을 포함한 일정도 무척 많았고(아이돌이었기 때문에) 더군다나 가수들이 예능 프로그램에 많이 출연하는 추세인지라 매일 바빴는데 시간을 만들어서 출연하는 예능 프로그램에서 획일적인 이미지로만 행동해야 하니 '왜 해야 하지?'라는 의문을 품기도 했었다.

그런데 시간이 흘러 시대도 많이 변화했고, 틈틈이 드라마, 영화 등을 촬영하고는 했지만 그래도 한국에서 일을 잘 하지 않다 보니까 예능 프로그램에 출연을 하면 홍보 효과가 좀 있지 않을까 하는 생각이 들기도 했다.

그리고 요즘의 예능 프로그램은 관찰 카메라가 있는 리얼 예능 등 재미있는 기획이 많다 보니 관심이 들었던 것이 사실이다.

〈학교 다녀오겠습니다〉는 매번 시청하지는 않았지만 가끔 시청할 때 '재미있다'는 생각을 하고 있었는데 2015년 초에 한·중 합작 드라마인 〈무신 조자룡〉 촬영으로 1월 ~ 4월 까지 중국에 있을 때 마침 섭외 요청이 왔다.

원래는 봄부터 출연하기로 했는데 한국에 예정보다 늦게 오는 바람에 프로그램에 조금 늦게 합류하게 되었다. 〈학교 다녀오겠습니다〉에 출연해서 첫 수업을 시작할 때 느낌은 한마디로 말하자면 상쾌했다.

마치 깊숙하게 간직해 둔 빛바랜 일기장을 조심스럽게 다시 들춰보는 느낌이었는데 옛날 기억이 울컥하며 떠오르기도 하는 묘한 기분이었다.

총 일곱 개 학교에 갔는데 기억에 남는 학교 이야기를 조금 하고 싶다.

✕〈고양 국제 고등학교 편〉_ 김정훈의 허당끼를 들키다

처음 간 학교는 고양 국제 고등학교였는데 오랜만에 공부를 하니까 정말 좋았고 교복을 입으니 예전 학생 때로 돌아간 것 같이 마음이 설레기까지 했다. 그런 마음이다 보니 무엇이든 진지하게, 더욱 열심히 하려고 했고 그럴 때마다 나오는 내 승부욕이 재미있어 보였는지 제작진들도 무척 즐거워했다.
열심히 한 것도 사실이지만 편안하게 공부한 것이었기 때문에 더

욱 적극적으로 한 것이었는데 예전에 내가 학생이었던 때에 '지금 공부하는 것이 바로 내 성적'이었다면 아마 그렇게 즐겁게, 열심히 하지 못 했을 것이다.

그러니까 져도 그만 이겨도 그만이었고 프로그램 자체에서 얻을 수 있는 기쁨이 컸기 때문에 도리어 승부욕을 발휘할 수 있었던 것 같다.

수업을 할 때 정말 신기했던 것은 수학, 과학의 경우 몸이 자동으로 기억을 해서 공부를 하고 문제를 풀었다. 고양 국제 고등학교 촬영 때는 사실 준비를 많이 해갔는데 우주 전쟁과 같은 발표는 더욱 그랬다.

스페인어 공부 역시 그랬는데 내 경우 암기 과목은 바로 전에 빠르게 암기하곤 하는데 쉬는 시간에 몰입해서 잠깐 암기하고 이동할 때 잠깐 암기하는 등 마치 널브러진 장난감을 내 품에 한 개 한 개 안듯이 공부하는 방법이다.

최대한 떨어지지 않게 조심조심 안고 가야 하듯 단시간에 암기를 하는 것인데 시간이 지나면 우르르 흩어져 기억이 나지 않기도 하는데 아무튼 급하게 암기를 해야 하는 경우 나는 그런 방법으로 공부를 한다.

고양 국제 고등학교에서의 느낌을 잠깐 표현한다면, 옛날에 내가 이런 방식의 수업을 들었다면 더욱 즐겁게 공부했을 것 같다는 것이었다. 주입식 교육에서 많이 벗어나 '학생 참여도'를 높이는 수업방식이 학생들의 '긍정적인 경쟁의식'을 부여하기 때문이다.

특히 수학 좌표 문제를 영화 '로미오와 줄리엣'을 빌어 공부하는 것을 보고 '아! 수학을 이렇게 공부할 수도 있구나!' 하고 감탄을 했었는데 그런 수업 방식은 일단 학생들의 시선을 끌어 집중을 시키니까 참신했다.

고양 국제 고등학교에서의 에피소드

고양 국제 고등학교는 공부 때문에 당황한 것이 아니라 강남, 안내상 씨와 같은 출연진에게 계속 당하는 나 자신에게 당황을 했다. 그들이 나를 계속 놀리는데도 바보처럼 속고 또 속고 하는 것이 의도된 것이 아니라 내 본연의 모습이라는 것에 새삼 놀라기도 했었다.

예를 들면 내 스스로 탁구를 잘 친다고 생각했었는데 탁구도 지고 노래방에서는 UN 시절 뽀샤샤했던 내 모습이 화면에 나와 쥐구멍에라도 숨고 싶었다. 거기에다 춤까지 추게 해서 뻣뻣한 내 몸이 고생을 하기도 했다.

하지만 놀림을 당하고 허탈해하는 내 모습에 다른 사람들은 즐거움이 2배였다고 하니 팬 서비스는 톡톡히 한 것 같다.

아무튼 고양 국제 고등학교는 과제 준비도 정말 열심히 했지만 김정훈의 허술한 모습을 대외적으로 알린 학교 편이었다. 그런데 고양 국제 고등학교는 첫 학교라서 그렇게 열심히 한 것이 아니라 원래 한 번만 출연하고 끝나는 것이었는데 내 모습이 프로그램 PD와 작가한테 강하게 인식이 된 것 같다.

　공부 잘하는 모범생의 모습인데 허당 기질이 가득한 내게서 '싱싱한 날 것'의 느낌을 받았다고 한다. 이후 '제주도 편'에 한 번 더 출연해보는 것이 어떻겠냐고 했는데 나도 첫 촬영에서 무척 재미있었기 때문에 흔쾌히 하겠다고 했다.

✕ 〈제주도 한림 초등학교 비양 분교 편〉
　_ 정을 느낀 소중한 기회

　그래서 가게 된 곳이 제주도 한림 초등학교 비양 분교 편이었다. 학생이 아닌 선생님으로 가는 그곳이 정말 마지막 출연이라고 생각했기 때문에 고양 국제 고등학교 때처럼 열심히 했는데 어려웠던 부분도 있었다.

　바로 '학습의 전달 부분'이었는데 기존에 내가 알고 있는 '수학적 지식'들을 초등학생 눈높이에 맞춰 설명하려고 하다 보니 막막해짐을 느꼈기 때문이다.

1+1 이 왜 2인지를

설명하는 것이 그렇게 어렵다는 것을 새삼 알게 되었는데 간단하

게 하자면,

"하나 더하기 하나는 둘이다."

라고 설명해도 되었겠지만 나는 그것보다 아이들에게 수학의 개념을 알려주고 싶었기 때문에 더욱 어려웠던 것 같다. 그런 경험을 통해 '초등학교 선생님들은 정말 대단하다'라는 생각을 확실하게 하게 되었다.

제주 한림 초등학교 비양 분교 편은 귀엽고 재미있는 꼬마들이 있어서 더욱 즐거웠다. 처음에는 '섬에 있는 조그만 학교에서 과연 내가 무엇을 할 수 있을까?'라고 생각을 했었다. 주위에는 바다밖에 보이지 않는데다 나는 자연을 그다지 좋아하지 않기 때문에 솔직히 좋지는 않았다.

더구나 아이도 별로 좋아하지 않았는데 신기하게도 그곳에서 촬영을 하면서 아이들과 말로 표현하기는 어려운 정이 생기는 것을 경험했던 기억에 남는 학교 편이었다.

✕ 〈울산 현대 청운 고등학교 편〉_ 김정훈을 다시금 알리게 된 투명 칠판 앞에서의 경쟁

내가 고정 출연이 된 울산 현대 청운 고등학교 편은 시청자들에게

'김정훈'을 다시 알린 의미 있는 학교 편이었다.

앞서 두 학교를 이미 갔기 때문에 청운 고등학교의 수업은 꽤 수월할 것이라고 생각을 했었다. 그런데 첫 수업인 수학 시간에 혼란과 마주하게 되었는데 이유는 수학 공식들이 전혀 기억이 나지 않는 것이었다.

전국에서 수학 1등을 한다는 여학생도 있는 등 수학을 포함한 공부를 정말 잘하는 학생이 많았던 학교인지라 실력 자체가 남달랐다. 수학 시간에 선생님이 '원의 방정식'을 풀라고 하셨는데 도대체 기억이 나지 않아 답답했고 마치 예전 고등학교 시절로 다시 돌아간 것 같은 자괴감까지 느꼈다.

단순하게 생각하면 '이것은 촬영일 뿐이고 풀지 못해도 어차피 시간은 지나간다'라고 대수롭지 않게 여겼을 테지만 그 순간 내 안의 또 다른 나는 고등학생 때로 다시 돌아가 그 자리에 앉아 있는 것이었다.

자존심도 크게 상해 있던 차에 이틀 뒤에 수학 경시대회가 있다는 것이다. 그래서 기숙사에서 잠을 줄여 가면서 정말 미친 듯이 공부를 했다. 그랬던 이유는 수학적 개념이나 문제 풀이 방식은 괜찮다고 생각을 했지만 고등학교 때 배웠던 수학 공식 등은 많이 잊어버렸으니까 다시 그것을 외우는 방법을 택했던 것이다.

다행히 고등학교 1학년 과정이었기 때문에 이틀 반을 공부를 해서 대회를 치르게 되었다. 투명 칠판을 앞에 두고 학생들과 무릎까지 꿇

으면서 수학 문제 풀이 대결을 했던 울산 현대 청운 고등학교 편은 〈학교 다녀오겠습니다〉에서 보였던 나의 여러 모습 중 시청자에게 가장 깊은 인상을 심어 준 장면이 되었다

나를 계속 놀리는데도
바보처럼 속고 또 속고 하는 것이
의도된 것이 아니라
내 본연의 모습이라는 것에
새삼 놀라기도 했었다.

수학 포기자가
왜 많은가?

✕ 국어, 영어, 수학 중심 교육과 함정

수포자. '수학을 포기한 자' 의 줄임말이다. 성인이 되어서도 '삼포 세대', '오포 세대' 등으로 명명되어 원치 않는 억울한 주홍글씨를 받는 이 시대에, 어린 학생들까지도 그 대열에 '강제 편승' 시키는 것 같아 솔직히 마음이 불편하기까지 하다.

우리나라 교육은 대학입시에 초점이 맞춰진 '전근대적 교육제도의 모양새'를 띠고 있는데 그중에서도 특히 국어, 영어, 수학에 편중된 교육방식은 초, 중, 고등학생의 학교생활 자체를 힘들게 하는 것 같다.

사람마다 가지고 있는 재능은 다르다. 어떤 사람은 언어적 능력이 뛰어나고 어떤 사람은 수리 능력이 뛰어나다. 그리고 또 언어적 능력이나 수리 능력 보다 체육적 특성에 대단히 뛰어난 사람도 있다. 이렇듯 '재능의 다양성'을 가진 사람들을 '한 가지 재능의 정형화된 틀' 안에 억지로 구겨 넣는 것 같은 교육이 정말로 '참된 교육'인지 의구심이 들 때가 있다.

가령 언어적 능력이 뛰어나고 수리 능력에는 다소 재능이 탁월하지 않는 학생한테 수학문제를 '하루에 무조건 100문제 씩 풀고 공식을 암기하라'고 강요한다면 그 결과는 과연 어떨까?

아마도 그 학생은 지겨운 수학이 끔찍할 정도로 싫어지고 수포자 대열에 합류하는 시기를 더욱 앞당기게 될 것이다. 거기에 엎친 데 덮친 격이라고 수학 수업을 재미없고 지루하게 진행하는 선생님을 만나기까지 한다면 거의 '수학 재앙'이 될 것은 틀림없다.

수학이라는 자체가 현실과 조금은 동떨어진 학문이라고 생각하다 보니 개념 자체부터 이해가 되지 않아 흥미를 잃게 되는 경우가 있는 것 같다.

╳ 물에 빠져 2번 죽을 뻔

어렸을 때 부모님 친구분들, 친구분들의 자녀(형, 누나 등)들과 산으로 바다로 계곡으로 자주 놀러 다녔는데 그렇게 놀러 다니던 중 물에 빠져 죽을 뻔한 경험이 두 번 있었다. 내가 물에 빠져서 허우적거리고 있을 때 동네 형, 누나들은 나를 놀린다며 일부러 구해주지 않았고 물에 빠진 극한 상황에서 그런 상황들을 다 보고 있으면서 느낀 두려움과 공포는 엄청난 것이었다.

물론 그 누나, 형들은 내가 버둥거리는 모습이 재미있고 또 조금 있다가 '꺼내 줘야지!' 하며 여유로웠겠지만 나는 생(生)과 사(死)를 넘나드는 끔찍한 순간이었던 것이다. 그 이유로 나는 물에 대한 트라우마가 있다. 어린 시절의 그 트라우마로 인해 나는 지금도 물에 잘 들어가지도 못하고 수영도 하지 못한다.

그런데 2~3년 전에 카메라가 계속 따라다니면서 찍는 '관찰카메라'를 일본에서 찍은 적이 있다. 그 방송에서는 '물에 대한' 내 트라우

| 트라우마 trauma |

한 사람이 이겨낼 수 있는 한계를 넘는 스트레스로 인해 개인의 생존과 건강을 위협하고 스스로를 조절할 수 없다고 생각하게 만드는 것. 트라우마의 원인은 개인이 겪을 수도 다수가 겪을 수도 있다.

마를 없애겠다면서 스킨스쿠버에 도전해보라고 했다. 처음에는 자신이 없었지만 어떻게 배우긴 해서 제주도 바다에서 들어가고 제주도 수족관에도 들어가서 커다란 물고기들과 함께 하기도 했다.

과연 결과는 어떻게 되었을까? 깊고 어두운 터널과도 같았던 물에 대한 트라우마는 깨끗하게 극복이 되었을까?

아니다.
지옥과도 같은 경험이었다.

트라우마를 극복한 것이 아니라 반대로 더욱 커졌다. '물로 인해 생긴 공포'를 '물로 극복하자는 취지'가 내겐 오히려 역효과의 결과를 가져온 것이다.

✕ 물 흐르듯 자연스럽게 극복하는 수학 트라우마

수학도 마찬가지인 것 같다. 억지로 외워서 무리하게 주입하는 것보다는 수학이 자연스럽게 스며들도록 하는 것이 좋은 방법이라는 생각이 든다.

가뜩이나 초등학생 때는 부모님들이 영어 교육에 편중해 수학을 후 순위로 둔 까닭도 있어 학생들이 중학생이 되면 이미 '수학 포기'

를 당연히 여기게 된다는 얘기도 들었다. 한 학급당 수학을 포기한 학생 비율이 60%에 육박한다는 믿을 수 없는 얘기도 들었다.

초등학생 때는 많은 수의 학생들이 영어 교육에 치중을 하다가(물론 부모님들의 의지이지만) 중학생이 되어 수학 공부를 하려고 하니 얼마나 당황스러울까 하는 안쓰러움이 든다.

수학을 어려워하는 사람들 중에는 숫자 자체나 개념에 대한 트라우마를 가진 사람이 있는 것 같은데 새로운 개념을 배웠을 때 바로 이해가 되지 않아 무기력에 빠지고 절망에 빠지기도 한다.

나의 예를 들면 조기교육까지는 아니었지만 자의든 타의든 주산학원을 다니면서 숫자에 대한 개념을 익혔고 그렇게 차근차근 경험을 하며 새로운 개념을 배워갈 때마다 부담 없이 받아들여 이해하기도 쉬웠던 것 같다.

그렇게 부드럽게 바람이 불듯이, 잔잔하게 물이 흐르듯이 머릿속으로, 가슴으로 받아들여야 하는 상황인데 수학 트라우마를 극복하려고 이를 악물고 무조건 공부만 한다는 것은 역효과를 부를 뿐이다.

개인마다 수학에 재능이 있는 성향이 있고 그 반대의 과목에 재능이 있는 성향이 분명히 있다. 하지만 자녀가 어려워하는 과목일수록 부모님들은 자녀가 그렇게 부담없이 경험하게 하는 것이 장기적으로 볼 때 긍정적인 결과를 얻을 수 있음을 고민했으면 한다.

일본
수학 경연

✕ 아름답게 수학문제를 풀다

일본에서 가수로 데뷔한 후 일본어를 겨우 배우기 시작할 때 한 TV프로그램에서 섭외 요청이 왔는데 영화배우이자 영화감독인 기타노 다케시가 진행을 하는 일본 후지 TV의 〈다케시의 코마네치 대학 수학과〉라는 프로그램이었다.

그는 일본의 메이지대학교 공학부 출신으로 원래 수학에 관심이 많아 수학에 관계되는 이 프로그램을 진행했다.

〈다케시의 코마네치 대학 수학과〉는 기타노 다케시가 본인과 친한 개그맨을 부르고 머리 나쁜 군단 한 팀(다케시 군단)과 동경대 수학과 여자 두 명으로 구성된 한 팀, 그리고 수학과 교수 등을 초빙하여 이야기를 하고 수학문제를 푸는 형식으로 구성이 되었다.

내가 프로그램에 출연했을 때는 국제올림피아드 형식으로 진행이 되어 각 나라에서 유명한 사람들이 함께 했는데 운 좋게도 내가 나가게 된 것이다.

처음 출연했을 때는 수학문제가 여러 문제 출제되었는데 그 문제들을 풀이하면 풀이 과정을 보고 심사위원(교수)들이 채점을 한 후 1등을 발표하는 순서로 진행이 되었다.

총 6~7개의 문제가 있었는데 솔직히 자신이 없었다. 왜냐하면 내가 수학을 공부하지 않은지 오래되었고 거기에다 공식도 잘 기억이 나지 않았기 때문인데 문제 풀이를 할 때는 그냥 감각적으로 문제를 풀고 증명하여 답을 도출했다.

그렇게 문제 풀이가 끝났는데 심사를 한 심사위원이 "김정훈이 일등이다!"라고 하는 것이다. 결과를 듣고 내가 더욱 놀랐다.

| 기타노 다케시 _ 일본의 영화배우, 영화감독, 코미디언 |

1947년 일본 출생, 메이지대학 기계공학과 중퇴, 1974년 코미디 그룹 '투비트'로 데뷔했다.

'이 쟁쟁한 사람들 가운데에서 내가 어떻게 일등을 했을까?'

잠시 후에 내가 한 풀이 방법에 대한 이야기를 들었는데 '가장 아름답게 문제를 풀었다'고 했다.

풀이를 하는 방법도 많고 정답에 다가가는 방법 또한 많은데 '아름답게 문제를 풀었다'는 것은 정답에 도달함에 있어서 가장 깔끔하고 그럴듯하게 문제풀이를 했다는 의미라고 했다. 거기에다 문제에 대한 독특한 접근 방식도 인정을 받았다.

첫 번째 출연에서 그렇게 1등을 하게 되었다.

처음에는 일본에서 가수로 데뷔를 했던 터에 후지 TV라는 썩 괜찮은 TV의 메인 프로그램에 출연하는 것만으로도 큰 의미를 두었었다. 그런데 생각지도 않게 좋은 결과가 나와서 정말 좋았고, 그때는 한국에서 활동을 하지 않을 때였는데 타지에서의 역사적인(!) 우승 소식은 한국에도 전해졌다.

위에서 첫 번째 출연이라고 강조한 이유가 있다. 우승을 하고 몇 개월 후에 〈다케시의 코마네치 대학 수학과〉에서 또 출연해달라는 제의를 받았는데 그때는 조금 망설였다. 이유는 '첫 번째만큼 못하면 어떡하나'하는 염려가 되어서였다. 한동안 고민을 하다가 두 번째 출연을 결심하게 되었는데 바로 '일본어'때문이었다.

첫 번째 출연 때는 일본어가 익숙지 않아 통역을 두고 녹화를 했는데 이제는 뭔가 언어적으로 조금은 안정된 모습을 보여주고 싶다는 생각에서 출연 결정을 하게 되었다. 첫 번째 출연과 두 번째 출연 사이에는 약 3개월 정도의 기간이 있었는데 이 기간 중 일본어를 열심히 공부했었다.

두 번째 출연 때는 한 문제가 출제되었는데 첫 번째 출연 당시의 문제 수준에 비해 상당히 어려운 문제였다. 어려운 문제에 대응했던 내 방법은 가장 기초적인 수학공식들로 풀이를 하는 것이었다.

프로그램에 함께 출연했던 동경대 수학과 학생들이나 교수들은 나보다 더 많이 배웠을 것이고 그렇기 때문에 공식이나 법칙을 대입하는 방법 또한 풍부했을 것이다. 하지만 나는 그것에 신경 쓰지 않고 고등학교 때 배운 수준으로, 기초적인 방법으로 문제풀이를 했다.

문제는 이랬다.

"1부터 1,000까지의 연속되는 자연수 중에 합이 1,000이 되는 수열을 모두 찾아내시오."

나는 이 이 문제를 수열 공식과 인수 분해 등을 이용해서 풀이를 했다. 그런데 두 번째 출연 때도 내가 1등을 한 것이다. 그때도 '아름다운 수식'이라고 심사평을 했는데 아무래도 나한테 후한 점수를 준 것 같다. 일본에서 볼 때는 '외국인 김정훈'이고 더군다나 수학 전문가도 아닌 젊은이가 열심히 문제풀이를 했으니 그 모습에 가산점을 준 것이 아닐까라는…….

어쨌든 나는 〈다케시의 코마네치 대학 수학과〉에서의 2연속 우승을 통해 두 가지 감동을 얻었는데 예전 내가 공부했던 기억을 다시금 이끌어내는, '추억의 보물 상자'를 꺼낸 느낌이라고 할까? 그런 벅찬 마음과 일본에서 신인의 마음으로 고생하며 활동하던 때인지라 대중에게 새롭게 어필할 수 있는 기회가 되었다는 점에서 의미가 깊었다.

김정훈이 〈다케시의 코마네치 대학 수학과〉에서 풀이했던 문제

• 첫 번째 출연 시 풀이했던 문제 중 한 문제

[문제] 1라운드 — 두 번째 문제

12345654321과 1234321의 최대공약수는 무엇입니까?

[풀이]

$12321 = 111 \times 111$

$1234321 = 1111 \times 1111$

$12345654321 = 111111 \times 111111$

$12345654321 = 11 \times 11 \times 10101 \times 10101$

$1234321 = 1111 \times 1111 = 101 \times 11 \times 101 \times 11$

둘의 최대공약수는 11×11=121이다.

. . . .

• 두 번째 출연 시 풀이했던 문제

[문제]

1부터 1,000까지의 연속되는 자연수 중에 합이 1,000이 되는 수열
을 모두 찾아내시오.

[풀이]

첫 숫자가 a, 마지막 숫자가 b이면 (a≤b)

그 숫자들의 개수는 b-a+1이므로

이는 등차수열 합의 공식에 따라 (※ 항의 수 * (초항 + 끝항) / 2)

그 합은 (b-a+1)(a+b)/2이다.

따라서 그 값이 1000 이면

(b-a+1)(a+b) = 2000

b−a+1과 a+b의 합은 2b+1로 홀수이므로

둘 중의 하나는 홀수다.

b−a+1과 a+b의 곱이 2000인데 둘 중 하나는 홀수이므로 2000의 약수 중 홀수를 찾으면

1, 5, 25, 125 네 개뿐인데

또한 (a+b)−(b−a+1) = 2a−1로 a가 자연수이므로 양수이다. 따라서 a+b>b−a+1이다.

b−a+1 = 1일 때 a+b = 2000, a=b=1000 즉, 1000 자체입니다. (다만 이 경우 '몇 개의 연속하는'을 만족할지는 의문)

b−a+1 = 5일 때 a+b = 400, a=198, b=202 즉, 198, 199, 200, 201, 202이다.

b−a+1 = 25일 때 a+b = 80, a=28, b=62 즉, 28부터 62까지의 합이다.

a+b = 125일 때 b−a+1 = 16, a=55, b=70 즉, 55부터 70까지의 합이다.

즉,

[해답]

1000

=198 + 199 + 200 + 201 + 202

=28 + 29 + ... + 61 + 62

=55 + 56 + ... + 69 + 70

잠시 후에 내가 한 풀이 방법에 대한

이야기를 들었는데

'가장 아름답게 문제를 풀었다'고 했다

교수법이란
무엇인가?

교수법의 종류에는 강의법, 문답법, 토의법, 시범 등 여러 가지가
있다고 하는데

강의법은 교사가 학습자에게 직접 학습내용을 전달하는 방법으로
'일방적인 수업 방법'인데 역사적으로도 오래되고 가장 보편화된 방
법이라고 한다.

문답법은 교사와 학습자가 질문과 응답을 계속 진행하며 학습을
전개해가는 방법인데 플라톤의 대화법이나 소크라테스가 아테네의
청년들에게 사용했던 산파법과도 같은 유형이라고 한다.

토의법은 상호 의견 교환을 통해 함께 문제를 해결해가며 과제를 완성해가는 학습 지도법이다. 민주주의 원칙에 기반을 둔 학습 지도법이라고 한다.

　　시범은 교사가 학습자에게 기술 등을 실제에 근접한 사례나 실제를 보여주면 학습자가 해당 양식을 관찰하여 학습 향상을 이루는 방법이라고 한다.

　　주입식 교육에 익숙한 세대에게 교수법은 '가까이하기엔 너무 먼 학습법'으로 느껴질 수도 있겠지만 교수와 학습의 주체가 교사에서 학생으로 자연스럽게 이동이 되도록 해준다는 것에서 교수법은 매우 큰 의미가 있다고 생각한다.

| 교수법 教授法 |

학생들에게 지식이나 기예(技藝) 등을 가르치는 데 필요한 방법.

「교수법은 종래에는 교사가 학생에게 지식을 전달, 주입하는 방법으로 생각했으나, 근래에는 학생활동 중심으로 교육내용을 전달하는 방법으로 이해되고 있다.」

[출처_한국 민족 문화 대백과 사전]

✕ 공부와 설명을 병행하며 이중으로 이해되는 학습법

그러니까 교사가 일방적으로 학습을 계획하고 학생을 지도하는 것이 아니라, 학생의 학습활동을 도와준다는 점이 장점인 것 같다.

나도 사실 교수법이라는 걸 몰랐는데 우연한 기회라고 해야 하나? 자연스럽게 터득한 경우가 있었다. 고등학교 1학년 때인지, 고등학교 2학년 때인지 인 것 같다. 선생님이 반에서 공부를 가장 잘하는 학생에게 문제풀이를 시켰는데 선생님이 지켜보시는 가운데 내가 1시간 동안 수업 진행을 다 했었다.

지금 생각해보면 선생님은 귀찮아서 주무시고 그랬던 것 같은데 어쨌든 '선생님은 나를 적극적으로 지켜보고 계셨다!'라고 믿고 싶다. 아니면 눈을 뜨고 주무시는 신기한 능력을 발휘하셨던지 말이다.

그런데 신기한 것은 직접 공부를 가르치며 수업을 진행하다 보니 어떤 경험 정리가 잘 되는 느낌이 들었는데 가만히 생각해보니 해당 학습을 직접 가르치려면 일단 내 머릿속에서 일목요연하게 정리가 되어야 하니까 더욱 기억이 선명해져 쉽게 잊지 않게 되는 것인 것 같다.

사견에 '교수법'과 '자기 주도적 학습법'은 유기적 관계가 있는 것 같은데 '자기 주도적 학습' 또한 학습을 위한 모든 일정과 내용을 스스로 정리하며 계획하고 실천해야 하기 때문이다.

수학뿐 아니라 다른 암기과목도 친구와 토론하는 형식으로 이야기를 주고받고 가르치는 형식으로 하다 보면 훨씬 도움이 되겠지만 한국 입시 상황에서는 힘들 것이라 생각되어 안타까운 것이 사실이다.

TV 프로그램 〈학교 다녀오겠습니다〉의 '청심 국제 고등학교 편'에서 학생들에게 진로 특강을 할 때 '내가 남을 가르칠 때 내 머리에 더 잘 들어온다', '공부와 설명을 병행하며 이중으로 이해되는 학습법'이라고 교수법에 대해 이야기를 한 적이 있다.

"이 녀석들! 선생님이 바로 지난번 수업 때, 그리고 2주 전 수업 때 이 공식을 이렇게 대입해야 한다고 분명히 말했을 텐데?"
"선생님이 언제 그러셨어요?"
"허허허, 참... 어쩌면 좋겠니. 너희들을!"

머리 털 나고 처음 들어본 이야기라며, 해맑은 표정으로 눈을 동그랗게 뜨고서는 '모르쇠'로 일관하는 학생들. 그런 학생들에게 혈압 상승하는 얼굴로 답답해하는 선생님들의 변함없는 핑퐁식 대화……. 많이들 공감할 것이다.

선생님들은 도대체 무슨 초능력자인지 학생들은 당최 기억도 나지 않는 수업 내용까지 회상을 시킬 수 있을까? 그 해답은 바로 교수법에서 찾을 수 있다.

학생들도 선생님처럼 초능력자 같은 '느낌적인 느낌'을 충분히 가질 수 있다. 방법은 학습 내용을 먼저 준비하고 정리하면 된다. 더욱 적극적으로 하자면 친구들 앞에서 직접 수업을 진행해보는 실천까지 한다면 효과는 배가 될 것이다.

별나라에서 온 **형탁**,
달나라에서 온 **정훈**

✕ 정훈과 형탁은 다른 오타쿠?

'오타쿠'는 한 분야에 열중하는 사람을 일컫는 말이다. 도라**을 사랑하는 사람, 심형탁 씨를 처음 본 것은 TV 브라운관을 통해서였는데 프로그램에서 비치는 모습을 보고는 '설정된 모습일 것이다'라고 생각을 했었다.

만화영화 캐릭터에 그냥 빠지는 것을 떠나 '정말 도라**을 사랑한다.'는 착각이 들 만큼 느껴졌기 때문이다.

하지만 JTBC 예능 프로그램인 〈학교 다녀오겠습니다〉에서 출연자로 만나게 된 심형탁 씨를 직접 만나보고는 TV에서 보이는 그 모습이 '설정'이 아니라 '본래의 모습'이라는 것을 알게 되었다.

도라**을 진정 사랑하는 자, 심형탁 씨의 본래 모습을 보았으나 솔직히 이해가 잘 되지 않는 부분도 있었다. 나의 이런 마음을 그도 알겠지만!

내가 만약 도라**을 그렇게 좋아한다면 반드시 일본에 가봤을 것 같다. 좋아하는 대상을 바로 앞에서 봐야만 직성이 풀렸을 것이고 그 것을 이루기 위해 바로 행동으로 옮겼을 것이다.

〈학교 다녀오겠습니다〉를 시청한 시청자라면 알겠지만 심형탁 씨는 프로그램을 통해 일본에 처음 간 것이 맞는데 도라**을 만나고서는 '첫사랑'을 만난 사람처럼 어쩔 줄 몰라 하며 상기되었었다.

어린아이처럼 진심으로 기뻐하던 그의 모습에 나 또한 웃음이 나왔던 기억이 난다.

✕ 새로운 대상을 계속 찾는 것이 익숙한 나

나는 무엇을 깊이 짧게 좋아한다면 심형탁 씨는 그 반대인 것 같다.

오타쿠는 '주됨'이 그 '대상'이라고 생각하는데 나는 매사에 내가 주됨이고 그 대상은 '내가 좋아하기에 잘 맞겠구나'라고 판단이 되면 그때 빠지게 된다. 그러니까 일단 내 스스로 그것 때문에 재미가 있어야 빠지게 된다는 것이다.

그러니까 일단 내 스스로 그것 때문에 재미가 있어야 하지만 크게 희생하기는 싫다고 하는 것이 맞겠다. 그런 이유로 무엇을 좋아하는 기간이 짧은 것이라는 생각이 든다. 왜냐하면 한 대상에 오래도록 빠져있는 것이 아니라 새로운 대상을 계속 찾기 때문이다.

예를 들면 요즘은 운동할 때 TV 시청을 많이들 하는데 나 역시 운동을 할 때 TV를 켠다. 그런데 한 채널에 쭉 고정시켜놓는 것이 아니라 이 채널 저 채널 계속 돌려가며 채널을 찾는다.

그 이유는 단 30분을 운동하더라도 내가 가장 관심이 가는 프로그램을 보며 운동을 해야 시간이 아깝지 않기 때문인데 오히려 시간 낭비만 하는 경우도 종종 있다.

내가 좋아하는 TV 채널을 찾겠다고 이리저리 돌리다가 그 채널을 끝까지 찾지 못한 채 '계획했던 운동시간'이 되어 운동을 끝마칠 때가 있기 때문이다. 그러니까 운동도 제대로 못하고 내게 딱 맞는 채널도 찾지 못하고……

어쨌든 한 대상을 그토록 은근히, 오래도록 좋아하는 심형탁 씨와 깊고 짧게 좋아하는 나는 무척 다른 오타쿠 같다.

✕ 소수, 목요일, 게임

오타쿠라고 하기보다는 습관이라고 해야 하나? 나는 TV 시청을 할 때 음량을 항상 홀수로 맞추는 습관이 있다. 소수로 말이다.

예를 들면 11, 13, 17 등과 같이 말이다.

언제부터 그랬는지 잘 기억이 나지 않지만 나는 '소수'에 대해 '독립체'라는 인식을 가지고 있다. 여기저기 헤프게 나눠주지 않는 자신만의 고유함을 가지고 있는.

임진왜란 중 2차 진주성 싸움에서 이긴 왜군이 촉석루에서 자축연을 벌일 때 왜장을 강가로 유인하여서는 끌어안고 강물에 빠져 죽은 '정절의 논개'처럼 소수는 의연함을 지닌 것 같다.

강물에 빠졌을 때 살아남고자 발버둥 치는 왜장을 놓치지 않기 위해 왜장을 안고 강물로 뛰어내리기 전 열 손가락 마디마디에 반지를 끼었다는 그 논개처럼 고유함을 지니고 있는 소수는 정말 감각적이기까지 하다.

그리고 목요일을 무척 좋아해서 목요일에는 약속도 정하지 않았었다.

예전에는 **게임에 8년을 빠져 있었는데 믿을지 모르겠지만 여자도 잘 만나지 않고 일하면서 게임을 하면서 그렇게 생활을 했었다. 게임을 최고로 오래 했던 시간은 30시간으로 잠을 자지도 않고 했었는데 때가 되면 배는 고파 컴퓨터 모니터 앞에서 컵라면을 먹기는 했다.

보통 오타쿠라고 하면 사회생활도 제대로 하지 않고 구석진 방에서 거의 폐인처럼 대상에만 몰두하는 사람이라고 생각할 수 있는데 나는 만나야 할 친구도 다 만나고 사회생활도 정상적으로 하면서 그 대상에 몰두하는 스타일이다.

물론 바쁨과 바쁘지 않은 정도에 따라 차이는 조금 있겠지만 말이다. 내 생활까지 다 포기하면서 '좋아하는 것'에만 몰두하지는 않으니 '짝퉁 오타쿠'라고 하지 않으려나? 하긴 누가 그러길 최악의 상황이 닥쳤을 때 그 규칙을 지킬 수 없다면 진정한 오타쿠는 아니라고 하니 내가 레전드급은 아닌 것 같다.

✕ 게임에 대한 일화

"무슨 게임을 8년 동안이나?"
"김정훈, 게임 폐인 아냐?"

라며 의심의 눈초리를 보내는 사람도 있을 것이기에 **게임에 얽힌 에피소드를 하나 들려주려고 한다. 게임을 하다 보면 사람이 얼마나 유치해질 수 있는지 이야기를 읽으면 폭풍 공감할 것이다.

내가 어릴 때, 그러니까 대학생 때로 기억하는데 연예인이 되기 전이었다. PC방에 가서 게임을 신나게 하다가 아침이 되어 게임을 끝

내고 가려 하는데(물론 아이템은 흐뭇할 정도로 모아 두고서는)어느 누군 가가 내 아이템을 쓱 가져가는 것이다.

그것을 게임하는 사람끼리는 '주워 갔다'라고 표현들을 하는데 아무튼 내가 몇 시간 동안 힘들게 모은 아이템을 슬쩍 훔쳐 간(!) 그 도둑님의 행동에 무척 화가 난 나는 그분에게 아이템을 돌려 달라고 글로 속삭이기도 하고 가만히 화를 내기도 하면서 노력을 했지만 도대체 돌려주지를 않는 것이다.

그래서 결국 나는 계정을 다시 만드는 수고를 감내해야 했는데 계정을 만들고는 '이대로 안 되겠다'싶어 어찌어찌 그 아이템 도둑님의 전화번호를 알아내고야 말았다. 당장 전화를 했더니 아주머니가 받으시기에 전화를 건 용건을 전했다.

"**님께 아이템을 좀 사려고 전화를 했습니다."(김정훈)
"뭐라고요?"(아주머니-화가 난 목소리로)
"아니, 요 녀석이 또 사고 쳤냐? 야! 이놈아! 와서 전화받아! 아휴,
내가 못 살아!!"
(아주머니-무척 격앙된 목소리로)

아주머니의 요란한 목소리 뒤에 누가 전화를 받고서는 "여보세요"라고 하는데 아뿔싸! 초등학생 목소리였다. 순간 '성인 김정훈'은 당황했지만 이내 목소리를 가다듬고는 '어리신 아이템 도둑님'에게 일

장 연설을 하기 시작했다.

초등학생과 '통화 상 대치' 상태에 놓인 것이 무척 민망하기도 했지만 분한 마음을 풀어야만 했다.

"너는 **게임을 함에 있어서 아이템을 허락도 없이 훔쳐 간 것은 명확한 불법이며…"

"내가 10분 안에 너를 찾아갈 수 있는데 어떻게 할 것이냐 어쩌고 저쩌고…"

침착한 목소리로 '훈계 어린 협박'을 하는 큰 형아에게 위축이 되어 '어린 아이템 도둑님'은 울먹울먹하더니 조용히 아이템을 돌려줬다.

그 이후의 상황은 이렇다. 빼앗겼던 아이템을 돌려받아 '야호!'하며 기뻐한 것이 아니라, 게임을 하다가 초등학생과 대치해야 했던 상황 및 여러 가지 상황이 짜증이 나서 PC방에 3시간을 버티고 앉아 있다가 집으로 갔다!

김정훈과 함께 하는 수학문제 풀이

편안하게 생각하며 수학문제 풀어 보기

초등학교 고학년 영재~중학교 1학년 영재 수준의 문제

[문제 출제와 감수 : 숭실대학교 창의력 수학교실]

㉠ 이므로 가정, $d=7$ $e=6$ $h=8$, ㉢ 에 대입 → $a+c=3$

$a=1, c=2$ or $a=2, c=1$ 인 두가지 경우가 있는데,

b, f, g 가 $3, 4, 5$ 중의 하나이므로

㉢ 에 $a=1$ 이나 $a=2$ 를 모두 대입했을 때 $b+g=10$ 이나 11

이 나는 경우는 흔흗시켜서 불가하다.

∴ ㉣ $d=6$ $e=8$ → $h=7$ 임을 알 수 있다.

㉢ 에 대입 → $a+c=4$ → $a=1, c=3$ or $a=3, c=1$

이 되어야 하고 $a=1$ 이면은 ㉢ 에 대입시 $b+g=11$ 이

성립할 수 없다. (b, f, g 가 $2, 4, 5$ 이므로)

$b+g=9 \Rightarrow b, g$ 는 $4, 5$ 임

문제1

다음 조건에 맞게 알맞은 수를 넣으시오.

조건

1. 사각형 안의 숫자는 그 사각형과 인접하고 있는 다른 사각형 안의 작은 원에 들어 있는 숫자들의 합과 같습니다.

2. 그 사각형 자체에 들어 있는 원 안의 숫자는 포함시키지 않습니다.

3. 원 안에 들어갈 숫자는 한 번씩만 사용합니다.

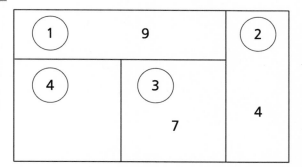

원 안에 1에서 8까지 수를 써 넣으시오.

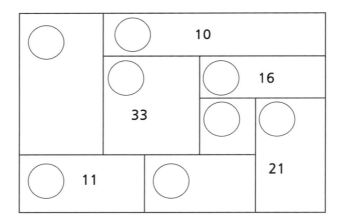

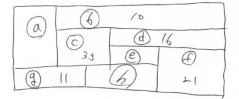

①$a+c+d=10$

②$a+b+d+e+g+h=33$

③$b+c+e+f=16$

④$a+c+h=11$

⑤$d+e+h=21$

④$-$① → $h=d+1$ ⑥

②$-$⑤ → $a+b+g=12$ ⑦

⑥을 ⑤에 대입 → $2d+e=20$ ⑧

⑧에 의해 e는 짝수임은 알 수 있고 d,e가 모두 8보다 작아야 임을 감안 할 때

$$\begin{cases} d=8 \quad e=4 \\ d=7 \quad e=6 \\ d=6 \quad e=8 \end{cases}$$ 출력 하나 but $d=8$이면 ④에 의해 $h=9$이므로 ①과 ④의 경우는 제외.

㉠ 이라고 가정, $d=7$ $e=6$ $h=8$, ㉢에 대하ㄱ $a+c=3$.

$a=1$, $c=2$ or $a=2$, $c=1$ 인 두가지 경우가 있는데,

b, f, g 가 3, 4, 5 중의 하나이므로

㉢에 $a=1$이나 $a=2$ 중 모든 대입했을 때 $b+g=10$이나 11

이라는 경간은 충족시키지 못한다.

$\therefore$ ㉡ $d=6$ $e=8$ → $h=7$ 임을 알 수 있다.

㉢의 대입ㄱ $a+c=4$ → $a=1$, $c=3$ 이나 $a=3$, $c=1$

비하리니저고 $a=1$ 이면 ㉢의 대입이 $b+g=11$ 이

성립하지 않는다. (b. f. g 가 2. 4. 5 이므로)

$\therefore$ $a=3$. $c=1$. $b+g=9$. ⇒ b,g는 4,5 임.

㉢에 대입ㄱ $b+f=7$. ⇒ $f=2$. $b=5$ $g=4$.

$a=3$ $b=5$ $c=1$ $d=6$ $e=8$ $f=2$ $g=4$ $h=7$

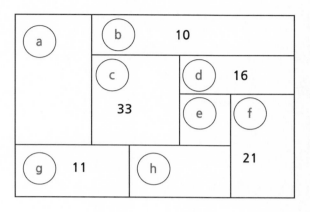

① a+c+d = 10

② a+b+d+e+g+h = 33

③ b+c+e+f = 16

④ a + c + h = 11

⑤ d + e + h = 21

④-① -〉 h=d+1 ⑥

②-⑤ -〉 a+b+g = 12 ⑦

⑥을 ⑤에 대입 -〉 2d+e = 20 ⑧

⑧에 의해 e는 짝수임을 알 수 있고 d, e가 모두 8
이하 자연수임을 감안할 때

$$\begin{pmatrix} d=8 \ e=4 \\ \text{㉠} \ d=7 \ e=6 \\ \text{㉡} \ d=6 \ e=8 \end{pmatrix}$$ 중의 하나 but d=8 이면

⑥에 의해 h=9 이므로

㉠ 와 ㉡ 의 경우만 성립

㉠ 이라고 가정, d=7, e=6, h=8, ①에 대입시 a+c=3
a=1, c=2 or a=2, c=1 인 두 가지 경우가 있는데,
            b, f, g 가   3, 4, 5 중의 하나이므로
⑦ 에 a=1 or a=2를 모두 대입했을 때 b+g=10..11
이라는 조건을 충족시키지 못한다.

      ∵ ㉡ d=6 e=8 –> h=7 임을 알 수 있다.

①에 대입 -> a+c=4 -> a=1 , c=3 or a=3 , c=1
마찬가지로 a=1 이라면 ⑦에 대입에 b+g=11 이 성립하
지 않는다. (b, f, g가 2, 4, 5 이므로)

$$\therefore a=3, c=1, b+g=9 \rightarrow \quad \begin{matrix} b=4 \\ g=5 \end{matrix} \quad or \quad \begin{matrix} b=5 \\ g=4 \end{matrix} \quad 임$$

③에 대입 -> b+f=7 , -> f=2 , b=5 g=4
a=3 b=5 c=1 d=6 e=8 f=2 g=4 f=7

1+21+3+4+5+6+7+8=36

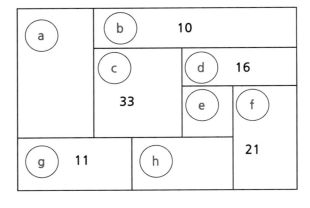

c영역과 인접하지 않은 부분은 f이므로
c+f=36-33=3 이다.

따라서 c와 f는 1,2이다.
a+c+f=10, a+c+h=11 이므로   h=d+1 이다.

d+e+h=2d+e+1=21, 2d+e=20, a+c+d=10 이고
a는 1,2가 될 수 없으므로 d≤6인 수 이다.

d=6이면 e=8이다

d≤5인 수이면 e≥10이므로 모순이다.

e=8, d=6, h=7, b+c+e+f=16

이므로 b=5이다.

a+b+d+e+g+h=33, a+g=33-26=7, a+g=3+4,

a+c=4, c=1, a=3, g=4

답 : a=3, b=5, c=1, d=6, e=8, f=2, g=4, h=7

문제2

아래에 제시된 모양을 빨간색 선을 따라 잘라서 생긴 조각으로 정사각형을 만드세요.

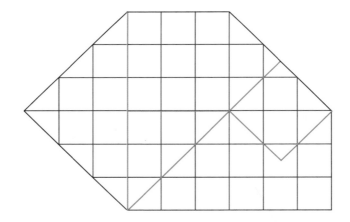

작은 정사각형 한 변의 길이가 1이라면
전체 넓이은 40.5

∴ 한 변이 $\sqrt{40.5}$ 인 정사각형을 만들면 됨

$$\sqrt{40.5} = \sqrt{\frac{81}{2}} = \frac{9}{\sqrt{2}} = \frac{9}{2}\sqrt{2}$$ 결국 $\sqrt{2}$가 45개
있는 한 변을 만들어내면 된다.

작은 정사각형 대각선
길이가 $\sqrt{2}$ 이므로
그것을 잡아 해서
줄이오면

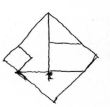

김정훈 의견 _ 작은 정사각형 한 변의 길이가 1
이라면 전체 면적은 40.5
∴ 한 변이 √40.5 인 정사각형을 만들면 됨

√405 = √⅘ = ⅒ = ㄹㄸ   것 √ㅍ 기 ㅏㄹ ㅐㄱ

있는 한 변을 만들어 내면 된다.

작은 정사각형 대각선 길이가 √2이므로 그것을
감안해서 풀어보면

감수자 의견 _ 조각을 재구성하여 정사각형을 만드는 문제입니다.

일반적으로 조각을 변끼리 맞추어서 정사각형을 만드는데 면적과 길이 계산을 통하여 풀이한 것이 신선합니다.

마치 아르키메데스 퍼즐 맞추는 방법을 보는 것 같아 신선했습니다.

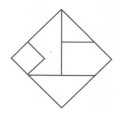

문제3

다음은 2006년 1월 달력입니다.

2016			1월			
일	월	화	수	목	금	토
1	2	3	4	5	6	7
8	9	10	11	12	13	14
15	16	17	18	19	20	21
22	23	24	25	26	27	28
29	30	31				

가로 3개, 세로 3개로 모두 9개의 수를 정사각형 모양으로
선택한 숫자의 합이 108입니다.

어떤 숫자들의 합일까요?

2016			1월			
일	월	화	수	목	금	토
1	2	3	4	5	6	7
8	9	10	11	12	13	14
15	16	17	18	19	20	21
22	23	24	25	26	27	28
29	30	31				

9개 수 가장 작은 수를 x라 한다면,

$$\begin{pmatrix} x & x+1 & x+2 \\ x+1 & x+8 & x+9 \\ x+14 & x+15 & x+16 \end{pmatrix}$$ 의 형태. 계산하면,

$9x + 72 = 108 \quad x = 4$

하지만, 가로×3 세로×3 형태의 정사각형 모양이라는 점은 감안 한데, 적합에 의해 가운데 숫자 x로 놓는게 더 간편하다라고 생각하자면 시간단축에 성공한것

$$\begin{pmatrix} x-8 & x-7 & x-6 \\ x-1 & x & x+1 \\ x+6 & x+7 & x+8 \end{pmatrix}$$ $9x = 108 \quad x = 12$ 가 더 효율적 !!!

9개의 수 가장 작은 수를 x라 한다면,

$$\begin{pmatrix} x & x+1 & x+2 \\ x+7 & x+8 & x+9 \\ x+14 & x+15 & x+16 \end{pmatrix}$$ 의 형태. 계산하면,

$9x + 72 = 108 \quad x=4$

김정훈 의견 _ 하지만, 가로×3 세로×3 형태의 정사각형 모양이라는 점을 감안할 때, 직관에 의해 가운데 수를 x로 놓는 것이 더 간단할 것이라고 생각한다면 시간 단축에 성공한 것!

$$\begin{pmatrix} x-8 & x-7 & x-6 \\ x-1 & x & x+1 \\ x+6 & x+7 & x+8 \end{pmatrix}$$ $9x=108 \quad x=12$

가 더 효율적 !!!

감수자 의견 _ 정답입니다. 숫자의 합이 108이 되는 숫자를 찾는 문제인데 일주일이 7일이라는 것을 이용하여 풀이하는 문제입니다. 가운데 숫자를 x로 놓고 풀이하는 방법은 수의 특징을 잘 알고 풀이하는 것입니다. 수학을 매우 잘한다고 느껴지는 부분이었습니다.

문제4

인디아나 존스는 지도를 들고 그림과 같이 고대 무덤의 북쪽 끝 입구 방에 서 있습니다. 그의 목적은 금으로 된 왕좌를 찾는 것입니다. 무덤의 모든 방의 크기는 서로 같고 각 층은 정사각형입니다.

입구가 있는 1층은 64개의 방이 있고 36개의 방으로 되어 있는 지하 1층 바로 위 중앙에 위치해 있습니다. 지하 2층은 16개의 방들로 되어 있으며 지하 1층 바로 아래에 위치해 있습니다.

존스는 지도를 따라서 남쪽으로 4칸, 동쪽으로 4칸 갔습니다. 함정에 빠져서 지하 1층으로 떨어졌습니다. 일어서서 북쪽으로 2칸, 서쪽으로 2칸을 가자 구멍을 발견했습니다.

구멍으로 기어올라 위에 있는 방으로 가서 남쪽으로 3칸 갔습니다.

다시 돌아서 동쪽으로 3칸을 가자 로프 사다리가 나왔습니다. 로프 사다리를 타고 현재 위치보다 2층 아래로 내려갔습니다. 그런 다음 서쪽으로 2칸, 북쪽으로 3칸을 가서 왕좌를 찾았습니다.

왕좌를 찾은 곳은 어디일까요?

또 왕좌를 찾은 후 입구 방으로 나올 수 있는 가장 짧은 길을 찾아보시오.

입구 →

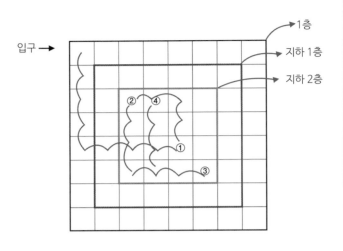

①은 지하 1층(못 올라감)

②2는 1층(지하 1층에서 올라감)

③은 지하 2층(자유롭게 이동)

④는 왕좌! 지하 2층

④ →③으로 간 후 1층 올라가서 입구로

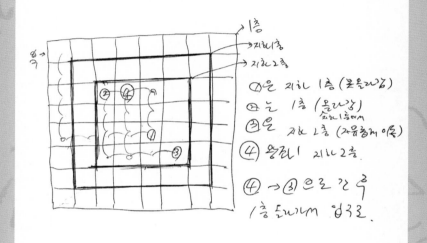

1층

지하1층

지하2층

①은 지하 1층 (몬블라댐)

②는 1층 (올라감)

③은 지하 2층 (자유롭게 이동)
지하1층에서

④ 올라 지하2층.

④ → ③으로 간후
1층 돈다가께 하자고.

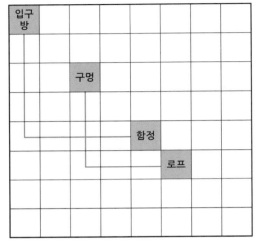

〈 1 층 〉

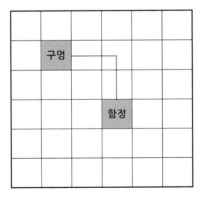

〈 지하 1 층 〉

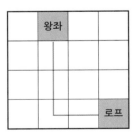

〈 지하 2 층 〉

왕좌를 찾은 후 입구 방으로 나오는 가장 짧은 길을 찾아보면 지하 2층에서 로프가 있는 방까지 가는 최단거리는 10가지가 있다.

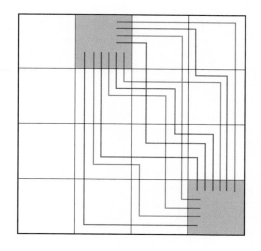

로프를 타고 지상 1층으로 올라온 후 구멍과 함정을 피하여 입구까지 달할 수 있는 최단거리는

입구					⑥
				⑤	
		구멍	④		
		③			
	②			함정	
①					로프

각 번호가 위치한 곳을 지나는 최단거리의 경우의 수를 구하면 된다.

$$1+15+16+16+15+1=64$$

....

①: 1　　　②: $3 \times 5 = 15$　　　③: $4 \times 4 = 16$

④: $4 \times 4 = 16$　　⑤: $3 \times 5 = 15$　　⑥: 1

따라서 $64 \times 10 = 640$ (가지)이다.

문제5

아버지, 어머니, 딸, 아들이 시청하는 프로그램들은 연예프로그램, 코미디 쇼, 스포츠 방송, 드라마인데 각 프로그램들은 월요일에서 목요일 사이에 매일 한 프로그램씩 방영됩니다. 아래 글을 읽고 누가 무슨 요일에 어떤 프로그램을 시청하는지 말해보시오.

① 코미디 쇼는 수요일에 방영되지 않고 딸이 좋아하는 프로그램도 아닙니다.
② 여자들은 스포츠 방송을 좋아하지 않고 목요일에 방영되는 프로그램도 좋아하지 않습니다.
③ 부모님 중 한 사람은 드라마를 좋아하시고 다른 한 사람은 화요일 프로그램을 좋아하십니다.
④ 어머니가 좋아하시는 프로그램은 아버지가 좋아하시는 프로그램보다 나중에 방영되지만 연예프로그램보다는 먼저 방영됩니다.

③ 에서 어머니-드라마 이려면, 이려면-화요일 이나면,

④에 의해 드라마-식요인 연예-목요인이 된다.

①,③에 의해 딸른 스포츠와 연예를 좋아하고

④에 의해 딸른 연예는 좋아하고. 이는 ④에 모순

∴ 어머니-화요일 이려면-드라마!

④에 의해 <u>드라마-월요인-이려면!</u>

어머니는 ①에 의해 스포츠X ④에 의해 연예X

그리고 위에서 결론내린바에 의해 드라마X

∴ <u>어머니 - 골머다 - 화요인.</u>

① 에의해 딸른 연예!

딸른 ④에 의해 <u>딸- 연예 - 수요인.</u>

∴ <u>아른- 스포츠- 목요인!</u>

③에서
어머니 - 드라마, 아버지 - 화요일 이라면,

④에 의해
드라마 - 수요일, 연예 - 목요일이 된다.

①, ③에 의해
딸은 스포츠 or 연예를 좋아한다.

②에 의해
딸은 연예를 좋아한다. 이는 역시 ②에 어긋남.
(연예가 목요일이라는 가정 때문에)

$\therefore$ 어머니 - 화요일 아버지 - 드라마!

④에 의해
드라마 - 월요일 - 아버지!

어머니는 ②에 의해 스포츠 × , ④에 의해 연예 ×

그리고 위에서 결론 내린 바에 의해 드라마 ×

∴ 어머니 - 코미디 - 화요일

②에 의해
딸은 연예!
또 ②에 의해   딸 - 연예 - 수요일

∴아들 - 스포츠 - 목요일!

감수자의 문제풀이

	연예프로그램	코미디쇼	스포츠방송	드라마	월요일	화요일	수요일	목요일
아버지	✕	✕	✕	○	○	✕	✕	✕
어머니	✕	○	✕	✕	✕	○	✕	✕
딸	○	✕	✕	✕	✕	✕	○	✕
아들	✕	✕	○	✕	✕	✕	✕	○
월요일	✕	✕	✕	○				
화요일	✕	○	✕	✕				
수요일	○	✕	✕	✕				
목요일	✕	✕	○	✕				

감수자 의견 _ 논리적으로 문제를 잘 해결하셨습니다. 포함 배제 논리를 적용하기 편리하게 하기 위해 표를 이용하여 주어진 조건 순서대로 ×표 해나가면 쉽게 해결할 수 있습니다.

문제6

다음 그림과 같이 1×1 정사각형, 2×2 정사각형, 1×3 직사각형이 각각 한 개씩 있습니다.

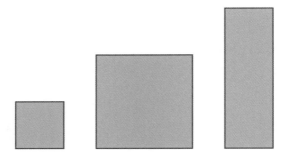

아래의 그림은 직사각형을 직선으로 한 번만 자른 후에, 네 개의 조각을 변끼리 붙여서 직사각형을 만든 것입니다.

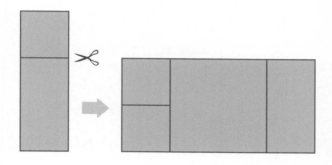

앞에서처럼 한 조각을 직선으로 한 번만 자른 후에, 네 개의 조각을 변끼리 붙여서 오각형을 만들어 그림을 그리시오.

정사각형을 대각선으로 자르면

 가로 4 높이 2 인
이등변 삼각형을 만들 수 있다.
다른 두개의 삼각형을 붙이면
가로 4 세로 1 인 직 사각형을 만들 수 있다.

정사각형을 대각선으로 자르면

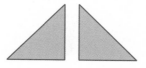

가로 4 높이 2인 이등변 삼각형을 만들 수 있다.

다른 두 개의 사각형을 붙이면
가로 4　세로 1인 직사각형을 만들 수 있다.

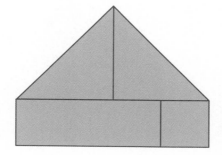

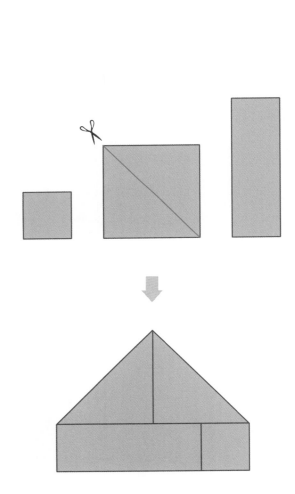

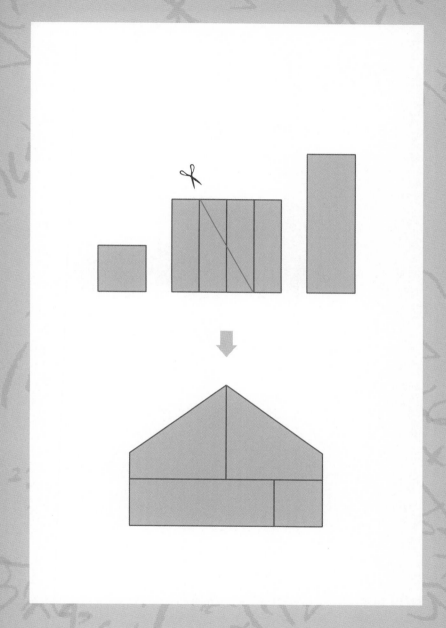

문제7

원판 조각 결합을 숫자로 나타내기

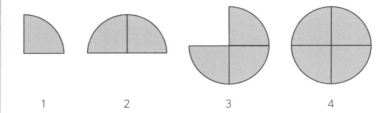

2   3   4

다음 그림을 숫자로 나타내시오.

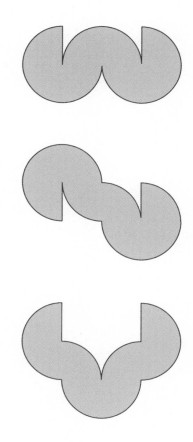

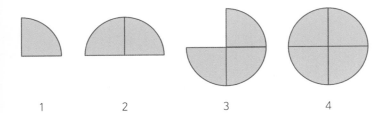

<table>
<tr><td>1</td><td>2</td><td>3</td><td>4</td></tr>
</table>

숫자를 그림으로 나타내기

(1) 1 2 1 2 1 2

(2) 3 1 2 1 2 2

(3) 1 1 2 2 2 2

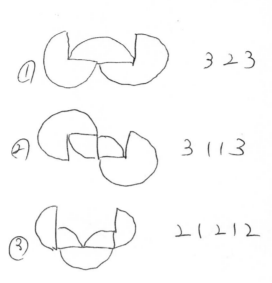

① 3 2 3

② 3 1 1 3

③ 2 1 2 1 2

1 1 1 1 1 1

이라고 9개로 할일X

조건이 필요!

각 ~~으으으~~ 곡선은

결합했을 때

곡선이 같이면 안된다

(1)　　　　　(2)　　　　　(3)

①

323

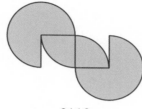

②

3113

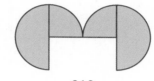

③

212

김정훈 의견 _

①의 경우

11111111 이라고 우겨도 할 말이
없다!
조건이 필요!

각 조각을 결합했을 때
곡률이 같아서는 안 된다.

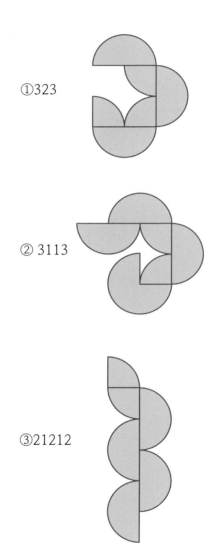

① 323

② 3113

③ 21212

감수자의 문제풀이

문제8

1. 표시된 점은 모두 꼭짓점이다.
2. 고무줄 2개로 삼각형과 사각형을 각각 1개씩 만든다.
3. 고무줄이 동시에 닿는 점은 4개이다.
4. 고무줄 2개는 모두 13개의 점에 닿는다.

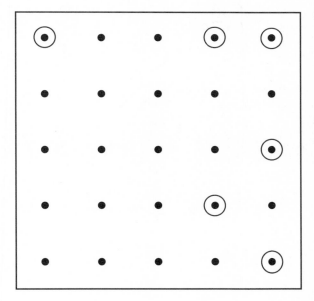

김정훈의 문제풀이

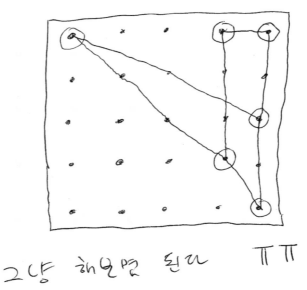

그냥 해보면 된다 ㅠㅠ

김정훈의 문제풀이

김정훈의 인간적인(!) 의견 _ 그냥 해보면 된다~!

감수자의 문제풀이

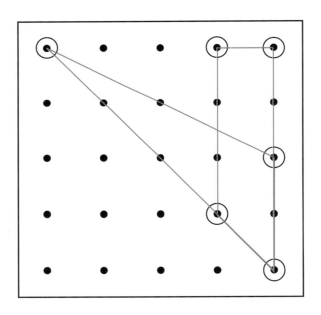

감수자 의견 _ 기하판과 고무줄을 교구로 사용하는
문제로 기하판은 여러 교구들 중 특히 수학적 교구
입니다.
기하판의 점들은 좌표 평면의 정수 점들을 나타내고 고
무줄은 선분을 나타냅니다.

표시된 점을 꼭짓점으로 하는 삼각형과 사각형을 조건
에 맞게 찾는 문제인데 바로 찾았다는 것은 도형에 대
한 직관력이 뛰어나다는 것입니다.

문제|9

조건 이해하기

① 6개의 점판을 칸에 맞게 모두 놓습니다.
② 오른쪽 끝에 있는 숫자는 가로 줄에 있는 점의 개수입니다.
③ 아래쪽 끝에 있는 숫자는 세로 줄에 있는 점의 개수입니다.
④ 사각형 안의 수는 대각선에 놓인 점의 개수입니다.

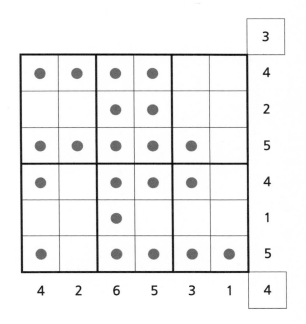

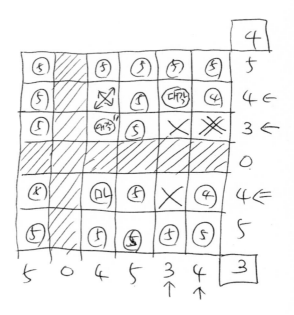

① 0줄 지우고 ▨ 표시.

② 5줄은 다 ⑤로 채운다.
　　(∵ 5줄엔 다 ▨ 있음)

③ ④ 대각선 줄 (대각)

④ 3줄 더이상 없음 ✕ 표시
　　↑

⑤ 따라서 ③ 대각선 줄 ~~더이상 없음~~ ✕
　　　　　　　　　　하나 채움. (대각)

⑥ 3 ← 줄도 다 있음. ✕
　　↑

⑦ 4줄 나머지 다 채움 ④
　　↑

⑧ 4 ← ~~■~~ 없음. ✕
　　4 ← 채움. ● (마)지막

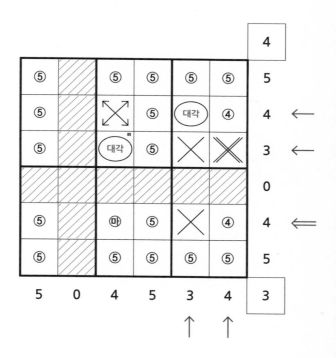

① 0 줄 지우고 ▨ 표시

② 5줄은 다 ⑤로 채운다 (5줄에는 다 ▨ 있음).

③ 4 대각선 줄 (대각)

④ **3** 줄 더 이상 없음 X표시
↑

⑤ 따라서 3 대각선 줄 하나 채움. (대각)

⑥ 3 ← 줄도 더 없음 ✖

⑦ **4** 줄 나머지 다 채움 ④
↑

⑧ 4 ← 없음 ⊠

4 ⇐ 채움 ㉮지막

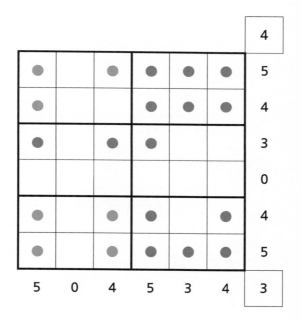

문제10

다음 펜토미노 조각을 사용하여 아래의 퍼즐을 풀어보시오.

F, N, Y, U, Z

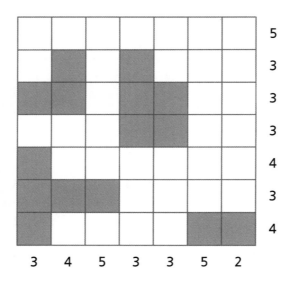

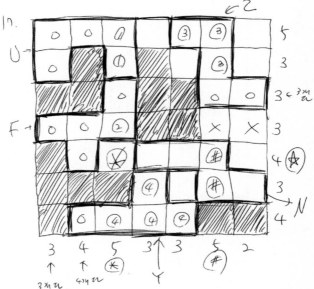

(1) ← 좌측 상단도 오면 F.N.Y.O.Z 중 들어는 것은 U뿐

Z 이외는 F뿐! → ②

(2)의 밑에 X 듣게 없김 → 유력한단 = Z → ③

N.Y가 밭늘의 아래쪽이 N이면 Y의 긴 목분이 ★ 라면에

으로 4가 이니라 5가 됨! 오뉴!!

∴ 이때 = Y ④, ★의 위해 #는 비어야함. #에 의해 #은 채워지지 않지. N

김정훈의 문제풀이

Z

○	○	①		③	③		5
○		①			③		3	← U
		○			○	○	3	← 3개 다
○	○	②			×	×	3	← F
	○	✻			#		4 ✻
			④		#		3	→ N
	○	④	④	④			4

3 4 5 3 3 5 2

✻   #

Y

3개 다 4개 다

① ← 좌측 상단을 보면 F, N, Y, O, Z 중
맞는 것은 U뿐.
그 아래는 F뿐! → ②
②에 의해 X 두 개 생김 → 우측상단 = ⓩ → ③

N Y 가 남는데 아래쪽이 N이면 Y의 긴 부분이
㊟ 라인에 오므로 4가 아니라 5가 됨!

∴ 아래 = Y ④ , $\frac{5}{㊟}$ 에 의해 ㊟ 는 비어야 함.

$\frac{5}{\#}$ 에 의해 ⊕ 은 채워져야 함.

따라서 N끼리 완성!

감수자의 문제풀이

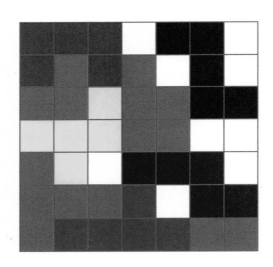

김정훈의 수학에세이

감수자 의견 _ 10번 문제 풀이가 아주 논리적이고 좋았습니다. 아주 잘 푸셨어요.
보통 학생들은 어려워하는 문제인데 접근 방법이 좋습니다.

◈ 기관 소개

지난 20세기에는 지능의 개발이 교육의 최대 관심사였으나 21세기 교육의 최대 관심사는 창의성 개발에 있다. 창의성은 개인은 물론이고 국가의 경쟁력을 결정하는 가장 큰 요인으로 꼽히기 때문이다.

수학적 사고 구조는 논리적 사고와 분석적 사고를 담당하는 좌뇌의 기능은 물론이고 창조적 사고와 직관적 사고를 담당하는 우뇌의 기능도 함께 향상시키기 때문에 수학 학습을 통한 창의성 교육은 다른 어떤 교육 방법보다 효과적이라고 하겠다.

우리나라의 수학 교육에서 부족한 '수학적 활동을 통한 창의성 신장'을 위한 교육 과정과 교수·학습 프로그램을 보완하기 위하여 숭실 대학교 수학과 황선욱 교수, 정달영 교수, 박은순 교수(명예 교수)를 중심으로 교구를 활용한 수학적 활동 프로그램 개발에서 실험적 시도를 하였다.

그 결과 1999년부터 7세부터 초등학생까지 수학적 창의성을 체계적으로 훈련할 수 있는 학습 프로그램을 우리나라 최초로 개발하게 되었으며, 현재는 창의성 연구소의 연구원들과 함께 이를 바탕으로 우리나라 대학에서는 최초로 '창의력 수학교실'을 운영하여 현재 약 200여 명의 학생들이 수강하고 있다.

2016년 3월부터는 숭실대학교 창의력 수학 교육기업으로 설립되어 대학이 보유하고 있는 전문 인력과 자원을 지역 사회의 교육 환경 및 문화 발전에 적극적으로 기여할 수 있도록 더 큰 노력을 기울이고 있다.

대학에서 개발한 선진적이고 수준 높은 교육 프로그램을 지역 사회뿐만 아니라 공교육 기관에 제공함으로써 학생들의 필요에 맞는 교육 프로그램을 보급하고 있다.

_ 홈페이지: http://www.funmath.net